魏星 著

# 内心强大的气场心理学

中国纺织出版社

## 内 容 提 要

如今，越来越多的人意识到气场的存在，然而他们又因为对气场一知半解，而不知道如何发挥气场的强大作用，为自己的人生提供助力。对于大多数人而言，气场依然是非常神奇的，所以本书全方位地解读气场这种神秘的力量，也揭示气场的奥秘和真相。

词典上对于气场的解释，只能让我们知道气场这个概念的存在，甚至对于帮助我们了解到底什么是气场都无法起到作用。实际上，每一个生命都有气场，气场虽然看起来无形无色，但是却以强大的力量让人感知。本书从各个方面向读者朋友们介绍了气场，指导读者朋友掌握提升气场的方法，从而让气场帮助人们起到积极正向的作用。

**图书在版编目（CIP）数据**

内心强大的气场心理学 / 魏星著.--北京：中国纺织出版社，2018.7

ISBN 978-7-5180-4971-4

Ⅰ.①内… Ⅱ.①魏… Ⅲ.①成功心理—通俗读物 Ⅳ.①B848.4-49

中国版本图书馆CIP数据核字（2018）第093427号

责任编辑：闫 星　　特约编辑：王佳新　　责任印制：储志伟

中国纺织出版社出版发行

地址：北京市朝阳区百子湾东里A407号楼　邮政编码：100124

销售电话：010—67004422　传真：010—87155801

http：//www.c-textilep.com

E-mail：faxing@c-textilep.com

中国纺织出版社天猫旗舰店

官方微博http：//weibo.com/2119887771

天津千鹤文化传播有限公司　各地新华书店经销

2018年7月第1版第1次印刷

开本：710×1000　1/16　印张：13

字数：129千字　定价：36.80元

# 前言

对于人生，每个人都有自己不同的渴望，有的人希望自己获得成功，有的人希望自己更加快乐，有的人希望自己收获幸福。总而言之，人的成长经历、教育背景以及社会经验的不同，使得每个人对于生命的理解都各不相同。这也就决定了人们对于生命的理解和感受是不同的，人们对于生命追求的方式方法也是截然不同的。

气场伴随着生命而生，每一个生命都有自己的气场。气场与生俱来，也随着生命的不断成长而渐渐强大起来。气场尽管看不见摸不着，但是却能够感知到，也的确是真实存在的。曾经，有人觉得气场的理论是玄学，也有人认为气场是神秘的力量，甚至还有人怀疑气场的存在。实际上，气场是真实存在的，气场无须发出任何声音，就能影响他人；气场没有任何形态，却辐射出最强大的能量。气场在人与人之间形成强烈的吸引力，当气场不相容时，又使人与人之间相互排斥，再也不愿意亲近。气场就是这么神奇，每个人都带着自己的气场活在这个世界上，也带着自己的气场与他人相处、相交。

尤其是在职场上，气场将会发挥更强大的作用。例如，面试的时候，我们要向面试官展示自己，也要发挥气场的力量，让面试官感受到我们的气场；在商业谈判中，如果我们气场太弱，被谈判对手压制，那么谈判就会进展艰难，甚至根本无法起到预期的效果；与上司和同事相处时，气场同样会起到重要的影响作用，甚至决定我们与同事和上司能否友好相处……除了在人际关系中发挥强大的力量，气场在学习上、工作上，甚至家庭生活中，都会起到一定的作用。

当然，影响气场的因素是很多的，只有气势，并不能让我们拥有强大的气场。诸如身体健康、品格高尚、意念坚定等，都属于人生的正能量，也会无形中增强我们的气场。而人生中那些负面的思想和情绪，同样会减弱我们的气场。所以朋友们，气场是有性质的，要想拥有积极的气场，我们首先要变得积极起来。如果我们消极悲观，气场也必然是消极的，甚至影响我们的人生和命运。很多朋友都想要主宰命运，掌控人生，也要从构建自己的精神家园开始。精神家园，是培育气场的沃土，唯有拥有强大而又独立的精神家园，我们的气场才会强大，才会起到积极正向的作用，才能帮助我们掌控人生，获得真正意义上的成功。

气场和吸引力还有很大的不同。吸引力只能算是气场的一个分支，而气场则涵盖了生命的方方面面。每个人都要成为积极乐观的人，都要有坚定的信念和顽强不屈的意志，都要在生命中昂首挺胸、阔步向前，都要让自己变得积极，才能让气场变得越来越强！

编著者

2017年8月

# 目录

## 上篇 何为气场

## 中篇 气场修炼

# 上篇

## 何为气场

# 第 1 章　走近气场，揭开气场的神秘面纱

什么是气场？相信有很多朋友对于气场的概念还是比较陌生的。实际上，所谓气场，就是一种由内而外的吸引力，这种力量非常强大，与我们日常所说的气势有着异曲同工之妙，只不过气场不像气势那么剑拔弩张，而是以柔和的方式表现出来，就像老师的谆谆善诱，诲人于无形。一个气场强大的人，哪怕站在那里一言不发，也没有任何实际的动作，也会散发出独特的魅力，使他人情不自禁地关注他们，被他们所吸引。如今，越来越多的人开始重视气场，也意识到气场在人生中不容忽视的重要作用。既然如此，就让我们走近气场，揭开气场的神秘面纱，把自己也打造成一个拥有气场的人。

## 气场，你不得不知的秘密

作为美国的心灵励志大师，菲尔博士最早提出气场的概念，并且把气场定义为“气场也许是魔力，也许是吸引力，甚至是一种魔咒，拥有无法解释的神秘力量。气场能够使你吸引人们的目光，让你的举手投足都备受瞩目”。尽管气场也能帮助我们吸引他人的注意力，但是气场和吸引力

法则还是有很大不同。首先，“气场”不是“吸引力法则”，而且气场的力量远远比吸引力更强大，所以众所周知的“吸引力法则”从本质上而言只是“气场”的一个分支。从帮助人们获得成功的原理上而言，吸引力法则主要依靠人的天赋以及强大的意志力，帮助人们获得成功。但是气场却是一把万能钥匙，哪怕是天赋平常的人，也可以获得这把钥匙，从而打开人生成功的大门。因而气场的适用范围远远比吸引力法则的适用范围更广阔，一个人只要心中怀着积极的渴望，也愿意打造自身的气场，他们就能获得成功。

实际上，气场并非与生俱来的，所以它与天赋之间并不息息相关。每个人的气场有强弱之分，这是由每个人的内心力量不同导致的。一个人哪怕出生的时候身体很弱，气势也很差，在后天的成长和不断提升中，他们也能够渐渐地让自己变得身强体壮，最终拥有强大的气场。有气场的人有强烈的自我存在感，他们不会因为他人的随意评价就否定自己，更不会因为外界的条件限制就放弃努力。他们相信自己，也愿意为了改变人生、主宰命运而不懈努力，因而他们是人生的强者，也最终会因为气场而受益匪浅。

从某种意义上而言，气场与人的内在精神息息相关。当一个人的内心强大，拥有强大的精神力量，那么他的气场也会随之增强。相反，假如一个人总是陷入自卑之中，对自己毫无信心，甚至怀疑自己的能力，可想而知他们如何能够自信满满地生存在这个世界上呢！一个人要想修炼自身的气场，首先要充实自己的内心世界，让自己的精神力量变得强大起来。

现代社会，很多人都崇尚他人的成功，羡慕他人实现了财务自由、人身自由，也情不自禁被他人的强大气场折服，对他人羡慕不已。他们还很纳闷，因为这些成功者哪怕穿着普通的衣服，也看起来比穿着名牌更自信；哪怕吃着粗茶淡饭，也比别人山珍海味更从容潇洒。实际上，这是因为这些成功人士有充实的内心，所以才能在修炼气场的道路上一帆风顺。记得几十年前，生活水平刚刚提高时，很多女性朋友都热衷于买各种黄金饰品。有些女性朋友因为家里经济条件窘迫，买不起昂贵的黄金饰品，就会选择购买假的黄金饰品佩戴。然而，她们不等别人怀疑她们的黄金饰品是真是假，自己就会感到心虚，甚至在把假黄金戴了几天之后，就彻底收到箱子底下，再也不敢戴出来了。等到经济条件好转，她们终于买到了自己梦寐以求的黄金饰品，却又担心丢了或者掉了，因而选择戴假的黄金饰品。对于这样的本末倒置，也许有人觉得想不明白，实际上这些女性在有了真正的黄金饰品后，再选择佩戴假的黄金饰品，因而觉得心中充实，也就不怕别人说三道四了。为此，她们气场强大，根本不怕别人说她们买不起黄金，或者为了面子佩戴假的黄金饰品，这就是气场。当然，这些女性朋友的气场是通过黄金饰品的支撑才得到的，并不能长久，还显得有些空虚。真正强大的气场，应该是由内心生发出来的，不因为外界条件的高低而产生变化，拥有强大气场的人，也才是真正内心强大的人。

归根结底，我们要想拥有强大的气场，就要先修炼自己的内心，从而让自己的内心世界越来越丰富，越来越充实。尤其是在现代社会，一个人要想拥有强大的气场，还要戒骄戒躁，不能过于急功近利。尽管如今的时代已经进入快餐时代，各行各业的人都很少有能够沉下心来面对工作的，甚至有些年轻的朋友在面对爱情时都恨不得走短平快的路线，直接从百米冲刺到达终点。然而，很多东西必须经过时间的沉淀和发酵，才能渐渐地达到火候，也才能水到渠成。因而提升自己的精气神，增强自身的气场，也绝不是简单容易、一蹴而就的事情。每个人都要从生活中点点滴滴的小事做起，也要努力平衡自己的内心，让自己的内心达到和谐的状态，这样才会拥有更加强大的力量和更加从容的人生，也更容易坚定不移地走向成功。

## 气场有强弱之分

每个人因为自身内在的精神状态不同，因而所拥有的气场也是完全不同的。气场的不同主要体现在强弱、范围大小与性质方面。而且，因为人体的不断变化，气场也随之变化，并非一成不变的。通常情况下，成功者的气场很强大，甚至你能够波及很大的范围，也影响身边更多的人。尤其是成功者情绪强烈的时候，他们的气场就变得更加强大，也使得他们对身边的人发出强烈的讯息和能量。这一点，可以从古今中外很多成功者的身上得到验证。例如陈胜吴广揭竿起义，就是因为得到了其他人的响应。而在革命的道路上，中国共产党的领袖人物，也能够得到无数劳苦百姓的拥护和爱戴。由此可见，成功人士的振臂一呼，应者云集，并非因为他们拥有好人缘，而是因为他们气场强大，所以才能感染身边的人都忠心不贰地追随他们。

与成功人士相比，普通人的气场就弱了很多。很多普通人的气场仅仅能辐射到身边很小的范围，几乎没有影响力。记得曾经有一位妈妈在孩子很小的时候就出门打工，因而一直没有参与孩子的成长，一年之中只会偶尔回家一两次，与孩子匆匆忙忙地相处几天。转眼之间，孩子已经到了读初中的年纪，却成为问题少女。妈妈想要教育女儿，却根本不知道该说些什么，而且她甚至有些害怕见到女儿："在女儿面前，我该说些什么呢？"不得不说，这位妈妈气场全无，对于自己的孩子都如此心虚，又如何能够肩负起教育孩子的重任呢！

不过，哪怕一个人气场很弱，如果他能够有意识地提升自己的气场，或者有意识地发挥气场的影响力，那么他还是可以发挥气场的影响作用，从而影响他人的。除了强弱之分外，气场的不同性质也会使气场产生不同的力量。诸如有些人积极向上，气场就非常明快，也能发生强大的力量；有些人悲观消极，导致气场也很晦暗，因而作用和力量有限。要想增强自身的气场，让气场帮助自己获得更多的关注和聚焦，我们就要掌握增强气场的秘诀，从而卓有成效地增强自身的气场。

对于气场的理解，人们总是存在误区，即大多数人都觉得只要是气场，就都是积极正向的。实际上，凡事都有两面性，气场既有积极正向的，也有消极负向的。要想增强自身的气场，我们首先要消除自身的负向气场，从而让自己变得更加积极正向，也因此获得正向的气场。还有人误以为气场如同磁场一样是能产生排斥力的。这样的说法还没有得到证实，但是的确我们在见到某些人的时候会有发自内心的喜爱，在见到另外一些人的时候，也会感受到无法控制的抵触。当然，生活中大多数人的气场都是中性的，即既不排斥人，也不吸引人，而要按照惯常的规则在与他人相处时，顺其自然地生发。

作为公司里的销售精英，杜鹃是一个气场非常强大的人，她似乎总是能够吸引客户的注意，得到客户的认可，在成为销售主管后，她又能够把话说到每一位下属的心里去，从而得到下属的一致拥护和敬重。可想而知，杜鹃不管是作为普通的推销员，还是作为销售部门的管理者，杜鹃都表现出色，气场强大。

有一次，销售部门来了十几个新人，因为老人的工作都已经步入正轨，所以杜鹃决定亲自担任新人的培训任务。不想，新人的工作才展开十几天，就有好几个新人因为工作太辛苦，也因为销售行业压力大，还因为努力了十几天都没有见到成效，而打起了退堂鼓。这个时候，杜鹃特别召开新人动员会，在会议上一番慷慨陈词，把新人说得心情激动，热血沸腾。最后，杜鹃双臂一挥："相信我，再坚持三个月，你们再回头看看今天的自己，一定会看到自己进步的脚印，也会庆幸自己选择留下来，从事这个伟大的行业。记住，你们必须按照我说的去做，去过完这三个月，我当初能够在三个月里获得自己的成功，你们也能！"

就这样，新人感受到杜鹃的力量，也被杜鹃的强大气场所折服，生怕自己一旦轻易离开，就错过了一生之中最伟大的事业。因而他们不再动摇，而是暗暗下定决心：我不比主管缺胳膊少腿或者愚笨，主管能做到的，我也能做到！就这样，大多数新人都选择留下来，再给自己一个证明自己的机会。最终，三个月期限到了，他们果然得到脱胎换骨的改变，再也不愿意离开了。后来，虽然有些新人最终还是离开了销售行业，但是他们都由衷地说："我们会永远记得这段销售的生涯，也会记得杜鹃经理教会我们的一切！"

作为管理者，不能只是上情下达的机器人，而要成为对下属有影响力的领导者。很多人性格比较中庸，没有鲜明的个性，为人处世相对事故圆滑，也因此他们的气场很弱，这实际上是因为他们没有明确的目标和欲望导致的。这使得他们的气场也比较弱，不能给予人们强烈的影响。当然，对于具有挑战欲望的人而言，与这样的人相处会使他们感到无聊，甚至觉得乏味。有征服欲望的人，更希望自己面对的是棱角分明、相处困难的人，这样他们反而会充满力量和勇气，绝不轻易屈服。

当然，气场归根结底取决于我们的内心。当我们发挥自身的天赋，让自己变得更强大，我们不但变得不可战胜，气场也会随之增强。尤其是在面对人生的困境和磨难时，一味地退缩只会导致我们更加怯懦，气场也随之减弱。而当我们在逆境中崛起，我们的内心精神力量和气场都会变得更强大，我们的人生也会由此腾飞，取得质的飞跃，到达人生的巅峰。

## 气场，是你最与众不同的精神名片

古人云，身体发肤，受之父母。的确，我们的身体和容貌是父母赐予的，因而我们每个人都要珍惜自己的模样，不要轻易试图改变自己的身体。虽然现代社会整容业发展迅猛，也有很多人不惜花费重金把自己变得更美丽，但是依然有很多人坚信，只有天然的容貌才是一个人最本源的样子，才是一个人最应该表现出来的模样。

那么，当天赐的容貌不那么完美时，我们应该怎么办呢？是采取整容手段改变自己，还是以提升自己精神面貌的方式来弥补自然形象的缺憾呢？不得不说，现代社会整容业的水平参差不齐，有些人花了几十万上百万元，最终变得面目全非，还不如自己曾经的样子好看。也有的人因为整容，遇到黑整容院，导致自己的身体受到严重的损害，再也无法恢复正常。人们常说花钱买罪受，实际上就是形容整容行为的。所以最安全稳妥的做法，就是珍惜父母赐予我们的身体和容貌，而不断地提升自己的内心和精神世界，培养自己的优雅风度和高贵气质，最终拥有与众不同的气场，得到他人的瞩目和敬佩。自然的容貌虽然可以使人赏心悦目，但是对于每个人而言，韶华易逝，青春的岁月总是匆匆溜走，而发自内心的优雅从容和强大的精神力量，却会使我们的人生焕发出别样的光彩。

如今，职场人士大多有自己的名片，殊不知，设计再独特、制造再精美的名片，都无法与精神名片相媲美。只有精神名片，才能代表我们的与众不同和独特魅力，也才能彰显我们的风采。尤其是在长期的成长过程中，经过不断的历练，我们的精神名片也会渐渐趋于定型，表现出我们最完美的一面。例如，一个性情暴躁的人，如果要想在人生中得到更好的发展，就要渐渐磨炼自己的心性，让自己克制冲动，遵守规则，讲究礼貌，从而让自己更加成熟稳重。再如，一个人如果平日里就很稳重，缺乏生机和活力，那么就要多多激发自己的热情和激情，让自己变得富有生命力，生机勃勃。从这个角度而言，培养自身气场的过程，实际上更是对自身取长补短、弥补缺点的过程，也会让我们变得更加完美，更加稳定。日久天长，气场必然与我们的自然兴趣结合在一起，成为我们性格中浑然天成的一部分。当然，要想达到这样的结果，我们必然要经过长期的发展和自我完善，也要不断地进行自我塑造，才能渐渐成型、定型。

同样的道理，如果一个人内心充满了欲望，拥有多重形象，最为典型的是人格分类症患者，他们的气场也会变化无常，这正对应了他们犹豫纠结的内心。当然，人并不是简单的，很多人的内心都非常复杂，也因为对于外界的欲望反复无常，使得他们的性格多变，气场也错综复杂。在这种情况下，当别人评价他们时，就会说他们虽然大多时候性格稳重，但是有的时候也非常急躁、冲动。相信没有朋友愿意得到这样纠结的评价，那么就要在日常生活中多多修炼自身的气场，让自己成为性格温和、行为稳定、身心和言行都一致的人吧。

在职场，还有很多人会发现，曾经看似单纯的同事，原来是一只隐匿最深的老狐狸。实际上，并非同事善于伪装自己，也有可能是在不断的成长和成熟过程中，他们的性格与内心世界发生了变化，因而他们的人生轨迹也发生了转折。所以不是命运捉弄人，而是我们太不了解人性，也不了解自己，所以才会在人生中面对各种突如其来的情况，导致人生变得被动，也时常陷入尴尬之中。

需要注意的是，凭借气场来包装自己的人，未必个个都很真诚。有的时候，气场是可以伪装的。还记得靳东主演的《伪装者》吗？作为一个双料间谍，靳东颇具城府的表演深得人心，也把人物形象刻画得入木三分。现实生活中，也不乏很多人和靳东在《伪装者》中扮演的角色一样需要伪装自己，因而我们也可以通过气场来修饰自己的不足，弥补自己的缺点，同时也要注意不要被那些别有用心者伪装的气场所蒙蔽。

在与他人相处的过程中，我们既要勇敢亮出自己的精神名片，也要练就火眼金睛，辨识他人的气场，观察他人的精神名片。当然，气场只有一少部分会通过外在表现出来，更多的时候，气场是一种无形的能量传达，更要不断地感受，才能有更敏感精确的感知。总而言之，朋友们，从现在开始就努力打造自己的精神名片吧。也许你看起来很平庸，没有漂亮的容貌，也没有高挑的身材，更没有显赫的家世，但是只要你发自内心地自信，相信自己一定会有与众不同的人生表现，你就会拥有与众不同的气场，也真正获得他人的认可和赏识。尤其是当拥有气场之后，你还会对那些人形成强大的吸引力，让他们情不自禁地关注你，认可你，甚至追随你，这样一来，你当然能够如愿以偿拥有魅力，也获得成功。

## 气场，你也可以拥有的力量

其实，早在古时候就有人曾经提出气场的概念，人们认为一个人的精神面貌、心情和身体健康都与气场有关。积极正向的气场能够给人带来昂扬向上的力量，消极悲观的气场则会使人陷入人生的困境，这也正是有些人时常觉得自己似乎交了霉运，凡事都很倒霉，甚至连喝口凉水都会塞牙缝的原因。实际上，这正是气场不对的表现，导致一切都很别扭，也不能使人顺心如意。时代发展到今天，气场不再是一种玄奥的知识，而是成为一门科学。现代科学经过研究证实，人的身体周围的确有气场存在，而且气场是由人体的能量不断在人体周围流转和转动才形成的。这也就是生命的“气”，被称为人体的“气场”。

即便在各种科学极大发展的今天，要想准确到位地定义气场，也是很困难的。毕竟大众对于气场这个词语还比较陌生，求助于词典只能得到最基本的解释，而根本无助于理解气场。还有些定义认为只有某些人拥有气场，而大多数普通人根本没有气场。实际上，每个人都有气场，只不过有的人气场强大，有的人气场弱一些而已。所以普通的朋友们也可以拥有气场，也可以培养和提升自己的气场。尤其是气场并非是天生的，而是可以通过后天的学习和练习不断加强和形成的。

气场的力量是很强大的，很多人之所以缺乏吸引力，并非是因为他们没有气场，而很有可能是因为他们不了解气场，因而不知道如何发挥气场的力量。一旦了解了气场的内涵，认识到气场的强大力量，每个人，哪怕是缺少吸引力的人，也能够发挥气场的强大作用，从而为自己的人生增强实力。

最近这些年，江苏卫视的《非诚勿扰》简直红透了半边天。实际上，《非诚勿扰》之所以拥有如此高的人气和收视率，与孟非的强大气场有着密切的关系。再加上乐嘉、黄菡、黄磊等嘉宾的加盟，更使得《非诚勿扰》广受欢迎。

当然，节目组在海选男嘉宾的时候，也是花费了一番心思的。有的男嘉宾为了在第一时间表现出自己的强大气场，会在开场的时候来个与众不同的表现。然而他们之中也不乏有弄巧成拙的，导致第一回合就败下阵来，被挑剔的女嘉宾们判了“死刑”。为何女嘉宾在第一回合短短的几分钟时间里，就能决定是否为一个男嘉宾留灯呢？实际上就是通过感受这些男嘉宾的气场。一直以来，人们以为素质是综合的表现，能够表现出一个人方方面面的能力和涵养。实际上，气场是更为综合的整体表现，甚至能够表现出一个人深层次的内在和心理。因而男嘉宾们要想博得女嘉宾的认可和欣赏，只靠着临时抱佛脚的功夫是根本不够的，只有把功夫下在平时，努力提升和完善自己，充实自己，才能在亮相的一瞬间给女嘉宾留下好印象，也让女嘉宾对他们情有独钟。

毋庸置疑，气场的力量就是这么强大。人们求职应聘需要依靠气场提气，赢得面试官的好感，寻找人生伴侣、追求爱情，也需要依靠气场为自己增加信心。总而言之，强大的气场对我们的人生只有好处，没有任何坏处，作为现代职场上的精英人士，我们必须努力提升自己的气场，从而让自己变得与众不同，卓尔不群。

朋友们，不管你们是否相信气场的存在，气场都在你们的身边发挥强大的力量，甚至影响你们的命运和人生。你们一定要更加注重培养自身的气场，从而吸取更多的正能量，让自己变得乐观坚强，也不可战胜。

## 改变气场，要先下定决心

看完前文对于气场的简单介绍，相信很多朋友都觉得纳闷：既然人人都有气场，为何还要深入钻研气场问题，想方设法地研究气场呢？虽然这样的问题看起来让人啼笑皆非，尤其是让了解气场的人根本不知道如何回答，但是不可否认，现实生活中那些对气场很陌生或者不熟悉气场的人经常会提这样的问题。不得不说，对于专业人士而言，这个问题简直太幼稚了，因而虽然几乎每个人都拥有强弱和性质不同的气场，但是大多数人的气场都非常弱，而且还有些人因为自身的性格缺陷导致他们的气场充满了负能量。在这种情况下，气场难免会对人的发展起到消极的影响，甚至使人受到局限，无法发挥出自身的潜在力量，获得成功。那么研究气场就很有必要，就像通过心理调整把负能量变成正能量一样，人们也需要通过调整气场，使得充满负能量的气场最终转化为充满正能量的气场，也对我们的人生起到积极的推动作用。

气场不是天生就有的，而是在后天的成长和从周围的环境中渐渐形成与获得的。有的人虽然气场比较弱，但是经过后天的不断培养，最终也能渐渐地拥有超强的气场，甚至变得和那些成功者一样气场强大，充满力量。从这个角度而言，要想拥有强大的气场，首先要有下定决心调整和改变自己的心态。假如一个人生而悲观消极，那么他们无论如何也无法做到积极面对人生。假如一个人总是积极乐观，哪怕面对人生的艰难困苦，也始终不抱怨，而是想办法解决问题，提升自己，那么他们总是获得切实有效的成长和进步，也最终拥有顽强不屈的意志力作为气场的支撑。

相比增强气场而言，更容易的是改变气场的性质。然而，任何事情都要坚持到底才能取得成效，尤其是气场的形成更是一个由内而外的过程，更要经历漫长的时间，所以当事人一定要有足够的耐心和信心，坚韧不拔，才能渐渐起到效果。否则，在练习提升气场的过程中半途而废，那么根本无法形成气场，还会导致前功尽弃。每一次放弃，都会打击人的自信心和积极性，当然也会导致人们的气场不断减弱，可谓得不偿失。

早在古时候，人们就知道“一鼓作气，再而衰，三而竭”的道理，虽然对于气场的练习不是真正的战场，但是依然要坚持一鼓作气，才能取得更好的效果。这个道理类似于煲汤。众所周知，广东人非常擅长煲汤，那么那些厨艺高超的煲汤高手一定会告诉你，煲汤的时候一定要一次性加足水量，才能煲出最美味的靓汤。否则，如果煲汤时中途加水，味道就会大打折扣，而如果加的不是热水，而是冷水，那么味道更是会大打折扣。做人做事的道理同样如此，唯有一鼓作气，才能取得最好的结果。

当然，无论学习和掌握多少关于气场的知识，最根本的在于当事者的信念和决心。唯有发自内心的力量，才能在方法和技巧的配合下，帮助我们不断地深入认识和研究气场，也最终掌握提升气场的捷径，让气场在我们的生活中发扬光大，帮助我们获得人生的成功。

# 第 2 章　气场是神奇的力量，能够决定命运

作为一种环绕在人们身边的能量，气场几乎每时每刻都在发挥着作用。它虽然悄无声息，但是却如同潜意识存在于人的头脑之中一样，以不为人觉察的方式存在于人的身体周围。它拥有神奇的力量，能够改变人们的思想、信念、态度以及对待人生的观念，它是不可抗拒的，因为它发生作用的过程几乎使人无知无觉。正如一首古诗里所说“随风潜入夜，润物细无声”，气场正在以这样的方式影响和决定我们的人生。

## 你该了解吸引力法则的独特启示

在很久以前，人类对于大自然缺乏认识，因而常常被大自然神奇的力量捉弄，陷入生命的被动困境中。每当这时，愚昧无知的人类就会把这一切归结于命运，甚至在很多西方国家的原始民族中，还信仰图腾，以此来表示对自然的敬畏。随着现代文明的发展，人类已经不断探索，解开了自然界的很多谜团。即便如此，对于所谓的命运，人们还是没有准确清晰的认识，依然对命运满怀好奇，充满畏惧。

也有一些内心强大的人自诩为命运的主宰者。的确，把一切归结于命运，只是人们对命运无奈和束手无策的表现。而真正的强者，会把命运掌握在自己手中，也不遗余力地想要改变命运。从心理学的层面来说，每个人的命运都与自己内心深处对于人生的憧憬和渴望密切相关，这就是梦想的力量。虽然大多数人都是把梦想当作梦一样抛之脑后，但是也有极少数人在始终坚持梦想，努力实现梦想，因而他们向着梦想的方向飞奔，也成就了梦想中的自己。

吸引力法则，能够改变每个人的生活，假如一个人真正懂得吸引力法则，并且能将其进行合理运用，那么就能提升自身的能力，让自己变成"宇宙的中心"。听上去，吸引力法则似乎很玄奥，实际上吸引力法则并不如同我们想象中那么神奇。不像磁铁的异极相吸、同极相斥的原理，吸引力恰恰相反，似乎同类相吸、同频共振。在人际交往中，每个人的思想、情感、言行举止等都会形成能量场，从而对与自己相似的人产生强大的吸引力。正如人们常说的，物以类聚，人以群分，真是吸引力法则在发挥作用，从而让具有共同特性的某些人聚集在一起。从本质上而言，这种吸引力就是气场。

细心的朋友会发现，人对于自己心向往之的东西，会产生强烈的吸引力。当人的意念足够强大，他们就会每时每刻都在朝着自己梦想的方向努力，也最终会吸引他们想要的东西主动来到他们身边。举个最简单易懂的例子，有些男性会对喜欢的女性展开猛烈的攻势，大多数情况下，只要那个女性没有心仪的人，很有可能就会被这位男性的追求感动，甚至主动向男性抛出橄榄枝，与男性两情相悦。当然，这是异性相吸的理论。其实，相互吸引不仅发生在异性之间，也发生在各种事物之间。看到这里，相信朋友们一定能够理解，只有积极的气场才能产生积极的能量，而消极的气场只会导致消极的能量堆积，因而使得事情事与愿违。

不可否认，每个人的内心深处都充满能量。哪怕是新生儿呱呱坠地，心中就已经有能量了。一个人从生到死，会始终与能量相依相伴，我们尽管看不到能量，但是能量始终环绕在我们身边，既可以成就我们，也可以毁灭我们。当然，朋友们也无须因为能量的存在而感到害怕，因为归根结底，我们自身的状态决定了能量的性质。举例而言，一个人如果颓废沮丧地面对生活，那么他的能量就是消极的。反之，一个人如果充满生机与活力，总是发挥出极大的创造性，那么他的能量也就是积极的，甚至可以改变命运，成就人生。所以如今的社会上非常提倡正能量，也倡导人们与拥有正能量的人在一起，吸收和感受正能量，而远离那些负能量的携带者，以免被他们的负能量感染，导致自身的状态消沉低迷。尤其是现在的职场，上司和老板更加厌恶负能量的散播者，因为他们会严重影响每位员工的工作状态，也会对整个公司的工作氛围产生消极的负面影响。

细心的朋友会发现，这样的说法尽管看起来很玄妙，却绝非耸人听闻。试想，一个人如果一开始就对自己采取放任自流的态度，从不规划自己的人生，更不为自己的人生设定方向，那么他们就会像是一只小舟漂浮在漫无边际的大海上，根本没有目标和方向，也全无动力。相反，一个人唯有内心充满希望，而且竭尽全力朝着自己的目标奋斗，哪怕遭遇坎坷和挫折，也会更加信心百倍，越挫越勇。总而言之，人生唯有目标明确，才能全力以赴。现实生活中，有些学生学习的时候三心二意，心神涣散，导致效率低下，根本无法得到预期的效果。有些成人在工作中当一天和尚撞一天钟，压根没有把心思用在工作上，却奢望得到丰厚的回报，这简直是痴心妄想。不说付出与回报之间的关系，仅从吸引力法则的角度来说，一个不够专心的人无法形成强烈的吸引力，更无法吸引自己想要的一切来到身边。

总而言之，这一切都是由内心的精神世界决定的，也是人的气场决定的。任何人要想拥有与众不同的人生，就要为自己设定人生的目标。其实，从幼年时代开始，人就已经开始对外界形成吸引力，也开始形成自己的气场。这样一来，孩子内心的能量就会不断向外辐射，而能量的强弱恰恰最终决定了人生的收获。小小的婴儿虽然还懵懂不知事，但是他们充满了求知若渴的渴望。他们不断地吸取天地的精华和灵气获得成长，也渐渐长大，逐渐成熟。当在晨光中听到孩子们书声琅琅，人们未免发自内心地感动。的确，对于孩子而言，求知若渴就是他们最强大的能量。随着渐渐长大，人们的欲望越来越多，能量也渐渐分散。所以那些心思单纯、目标单一的人，反而更容易集中所有的能量，让自己拥有超强的吸引力，也更容易实现人生的梦想。朋友们，你们更了解吸引力和气场了吗？如果你相信吸引力和气场能够改变你，改变你的命运，那么就从现在开始努力提升自己的气场，让自己拥有强大的吸引力吧！

## 气场，是打开命运之门的钥匙

气场虽然无形无色也无味，看似根本不存在，其实始终在我们的身体周围流转，潜移默化地影响我们的生活，也以润物细无声的方式影响我们的命运走势。对于大多数不了解气场的人而言，气场是非常神奇的。实际上，一旦我们走近气场，了解气场，那么就会发现气场虽然神奇，但是并不神秘，因为随着现代精神文明的发展，人们已经渐渐洞察了气场的秘密。

大自然的万事万物都有自身的气场，包括日月星辰，包括动物植物，甚至包括一座建筑物，都有气场的伴随。作为万物灵长的人类，自然要更加重视气场的存在，也要充分发挥气场的强大力量，主宰命运，掌控人生。

对于气场的认知，很多人都存在误区，误以为气场就是中医所说的“气”。实际上，气场和中医所说的“气”完全不同。中医认为，气是生命的本源，是支撑生命最必不可少的生命活动形式。而所谓的气场，则是具体的物质散发出来的能量场，对于人类而言，气场即是人的身体和心灵散发出来的能量，也是人身心合一、身心协调的能量圈。

人的气场并不是某种单一的组成，而是很多小气场集合而成的。这些小气场以特定的序列进行排列组合，最终在人体周围实现动态平衡，也让大气场应运而生。人人都喜欢与自己志同道合的朋友相处或者合作，实际上这就是气场相容的表现。假如人们的气场相互排斥，那么彼此的交往就会面临很大的障碍，也就会相互排斥，甚至彼此抗拒，导致沟通无法顺利进行，也导致人们彼此之间争执不断。很多夫妻在结婚之后才发现无论如何看对方都不顺眼，实际上就是气场不相协调的表现。有的夫妻在彼此共同的努力下最终相互包容，彼此同化，因而做到气场相容，也就能让婚姻继续保持下去。而有的夫妻彼此不能忍耐和包容，导致气场越来越相互排斥，最终也就会分道扬镳。

虽然气场是人体由内而外散发出来的力量形成的能量场，其实气场也会受到很多外界环境的影响，尤其是人在成长和成熟的过程中渐渐形成的精神、品质和意志等的影响。不仅精神方面的因素会影响人的气场，包括身体健康在内，也会对人的气场产生影响。所以要想打造强大的气场，我们不仅要重视精神方面的因素，也要非常重视自己的身体健康。举例而言，一个朝气蓬勃的年轻人，他的气场必然是积极正向的，而一个整日病恹恹、郁郁寡欢的人，他的气场必然是消极负向的。很多看过《红楼梦》的读者朋友都同情林黛玉，但也有很多朋友更欣赏薛宝钏。虽然薛宝钗和林黛玉一样命运坎坷，不得不依靠贾府生存，但是薛宝钗更积极，充满正能量，而林黛玉的伤春悲秋和葬花等，给身边的丫鬟都带来了很大的困扰。最终，林黛玉香消玉损，和她的性格有着密切的联系。因而年轻的朋友们如果想要以气场打开人生的开阔天地，就要首先锻炼自己的体魄，让自己身强体壮，散发出无穷的活力。否则，终日病病殃殃，还如何能够让自己振奋精神，打造气场呢！其次，还要摆正心态，哪怕在人生中遭遇艰难困境，也绝不要轻易放弃，而要更加坚强乐观地面对。既然哭着也是一天，笑着也是一天，我们为何不笑着度过人生的每一天呢！常言道，爱笑的人运气总不会太差，其实是笑容增强了我们的气场。最后，我们还要把气场与外在的各种表现结合起来。诸如一个人的谈吐举止、优雅风度，再如一个人的说服力、影响力和领导力等，对于这个人的生活与工作都会起到很大的作用。当拥有强大的气场，我们还要能够把气场外化，从而具体地对我们的行为表现发生改变，这样气场的作用才会被发挥到极致。

既然气场如此重要，且拥有这么强大的力量，相信很多朋友看到这里都会心里惴惴不安：我并没有强大气场，这该怎么办呢？没关系，气场虽然由内而外散发出来，但是并非完全取决于天赋。甚至可以说，气场受到天赋的决定作用很小，大多数情况下，气场是天赋与后天环境相互交融和协调统一的结果，而且其中天赋并不占据最主要的作用。气场也不是一成不变的，一个人哪怕现在气场很弱，随着不断的成长和历练自己，他们的气场也会变得越来越强，甚至和那些成功者一样拥有强大的力量。

提升气场，最直接有效的方法，是对自己进行心理暗示，从而渐渐形成自己的气场。例如，当我们早晨对自己进行积极的心理暗示，那么我们也许一整天都感到心情愉悦。而如果我们早晨愁眉苦脸地对着镜子里的自己，那么我们一天的心情都会非常糟糕，甚至郁郁寡欢。所以朋友们，不要再让情绪影响自己的气场，当我们端正态度、调整好心情拥有内驱力，相信我们最终一定会得到气场的力量！

## 气场有积极和消极之分

没错，气场除了有强弱之分，也有积极和消极之分。就像人的能量分为积极的正能量和消极的负能量一样，气场也分为积极的正向气场和消极的负向气场。我们必须认清楚一个事实，那就是气场归根结底形成于人的精神状态，所以一个人的精神状态决定他将会拥有怎样的气场。换个角度而言，如果你想要拥有积极正向的气场，那么首先要调整自己的心态状态，从而做到情绪饱满、充满热情，也充满希望和期待。与此相反，假如我们对于人生总是感到万分沮丧，甚至陷入悲观的绝望之中，那么可想而知我们绝不可能拥有积极正向的气场。大部分情况下，消极低沉的我们只能拥有消极负向的气场，也会导致我们的性格渐渐发生改变，并且给他人留下恶劣的影响。没有人愿意与一个负能量团打交道，导致自己原本振奋的信心也消失得无影无踪。现代社会中，人们的思想更加直接，也更讲求现实，尤其是在职场上，更多的人喜欢与充满正能量的人打交道，也让自己获得积极的影响，获得成长。

每当遇到负能量场的人，趋利避害的本能总是使我们情不自禁地远离他们。在生活和工作中，哪怕他们能够给予我们切实可行的建议，我们也会先入为主，对于他们的建议产生质疑。相比之下，有的人总是充满力量，和他们在一起使人感到朝气蓬勃，甚至重新回到了青春岁月，这样的人是正能量团，也充满了吸引力，让身边的人都情不自禁围绕在他们身边，与他们密切相处。实际上，一些人之所以给我们这样截然相反的感受，并不是因为他们说了什么或者做了什么，而是我们在与他们相处的过程中就情不自禁地形成了好的感受。看上去，也许在人际交往中有些人比较随和，有些人比较悭吝，有些人很健谈，而有些人沉默寡言，这些貌似都是表面现象，实际上这些所谓的表面现象都有着深层次的原因。而每个人的敏感度和感受力不同，所以他们对于这样表现截然相反的人也会有不同的感受和理解，最终作出是亲近他们还是疏离他们的决定。

他人的气场会给我们带来截然不同的感受，这种感受完全是因为我们的大脑感受到他人的气场产生的，因而很少受我们主观和理智的决定。也因此，这些感受往往是更真实的，也是出于我们本心的。那么，在远离那些给我们带来负能量的朋友时，我们如何让自己成为给他人带来正能量的人呢？相信没有人愿意被他人避之不及，那么唯一的办法就是让自己成为正能量团。

细心的朋友如果曾经去过有人居住过的空屋子，就会有微妙的感觉，即在不同的人居住过的屋子里，他们依然会感受到曾经的屋子主人留下的气场。这是因为屋子的主人虽然已经搬离屋子，但是他们曾经生活在屋子里的痕迹，带有他们的鲜明印记。有的屋子凌乱不堪，肮脏不堪，自然给人衰败的感觉。有的屋子虽然已经空置了，但是一切依然井井有条，甚至花瓶里还有已经被风干的花束，使人感受到屋子的主人是一个对生活充满热情、积极乐观的人。实际上，作为屋子的主人，当把家里收拾得干净清爽且富有情调时，他们自己也会被自己的能量场所激发，因而对生活更加满怀热情。而当屋子里的主人任由家里凌乱不堪，他们自身也会变得懈怠，用自己的负能量无形中影响了自己。这也是成功人士大多精明强干，而且越来越精明强干，而那些生活毫无秩序的人，却始终漫无头绪，导致生活的状态每况愈下的原因。

一个人的情感、欲望和梦想、理想越强烈，他的气场也会辐射出更强大的力量。古今中外，那些伟大的成功者之所以拥有无数的追随者，就是因为他们总是能够通过自身的顽强意志力和对目标的不懈追求，影响他人，感染他人，也改变他人。当然，朋友们，如果你现在意识到自己的气场是不够积极正向的，也没有关系，你可以通过调整自己的心态，改变自己的气场，也可以循序渐进地进行积极的自我暗示，或者先养成良好的习惯，给自己一个清爽有序的生活环境。

当气场的能量无法满足我们自身的需要时，我们还可以通过强烈的意念提升自己的气场，为自己的气场注入强大的精神力量。这样一来，我们就把无意识的气场变成有意识的气场，可想而知，气场的力量将会成倍增长。尤其是在意念的作用下，人们的气场会发生明显的改变，这就像是我们从自己的大脑中发射电流，使其注入气场并且发挥作用一样。有史以来，有很多伟大的人物都通过增强意念的方式增强自己的气场，虽然他们在当时未必知道自己为何要这么做，但是他们却凭着本能做到了。在与那些成功人士或者影响力很强的人相处时，我们也可以有意识地观察他们，从而亲身感受和细致观察他们对于意念的应用。

总而言之，朋友们，虽然我们无法避免消极的气场存在，但是却要把拥有积极的气场当成自己的奋斗目标。只要我们拥有坚强的精神，哪怕面对任何坎坷和磨难都绝不屈服，那么最终我们一定能够拥有积极的气场，也最大限度地发挥气场的强大作用，为我们的人生创造奇迹，收获成功。

## 内在决定因素，让你成功把握气场

气场既然有外在的表现，也就有内在的决定因素。因而要想把握气场，我们就要了解气场的内在决定因素，从而更加深入钻研气场，也把握气场的关键，最终成功发挥气场的强大力量。在把握气场的内在决定因素之前，我们必须意识到，气场虽然是伴随我们的生命而产生，但它并非是不可改变的。甚至在决定气场的诸多因素中，天赋的作用只占到很小的比例，而其他的外界和后天成长过程中的诸多因素，才对气场起到决定性作用。

对于一个人而言，从呱呱坠地开始，气场就伴随着他成长，然而随着他的健康状态、情绪情感及人生和社会经验的不断丰富与充实，气场也在不断地发生变化。因此，唯有把握住气场的内在决定因素，我们才能不断改善和持续增强自身的气场，最终让自己的气场越来越强大。

曾经，人们以为智商是决定一个人是否成功的关键因素，然而，随着时代的发展，人们越来越认识到情商的重要作用。所谓情商，实际上是人各方面综合因素的综合表现，也是人们对自身情绪情感的控制。因而如今的人们更加重视情商的发展，甚至有知名管理者说，智商高的人适合从事技术工作，而情商高的人如果不擅长技术工作，也可以从事管理工作。由此可见，要想提高气场，还要努力提高情商，从而在人际交往中与他人有更好的互动，相互促进，彼此协调。

从本质上而言，情商也就是情绪智力。有些人对于情商不以为然，觉得情商就是管理好自己，实际上，人最大的敌人就是自己，唯有管理好自己的人，才能算得上是人生的强者。一个情商高的人不但与他人相处融洽友好，而且也能调控自己，驾驭好自身的情绪，从而不断地激励自己，让自己变得越来越强大。当高情商者拥有积极的心态，不但能够走出生命的低潮期，而且可以增强自己的气场，让自己和他人都从积极的气场中汲取能量。所以说情商高度对于气场的强弱与否有着很大的影响，甚至从某种程度上决定了一个人能否获得成功。

大多数台球迷都知道，路易斯·福克斯曾经叱咤球场，而且多次在世界比赛中赢得冠军。原本，他应该有一个辉煌的未来，然而，他却因为一只苍蝇而输掉了职业生涯中的最后一场比赛，与此同时，他也丢掉了自己的生命。

1965年，路易斯参加台球比赛，从比赛一开始就遥遥领先。他几乎胜券在握，只要做到在剩下的比赛中保持稳定，就可以获得冠军。但是，正当他志得意满地准备击球时，一只苍蝇不期而至，落到了母球上。路易斯不以为然，挥手赶走苍蝇，再次俯身准备击打母球。在路易斯成功击球之前，那只让人讨厌的苍蝇飞了一圈又回来了，再次落到母球上。就这样，苍蝇不停地飞来飞去，时不时地落到母球上，路易斯终于彻底失去耐心，不再用手赶走苍蝇，而是用球杆气愤地击打苍蝇。让他万万没想到的是，在愤怒之中，他没有控制好力度，导致球杆击打母球，他也因为失误被罚下场，而由他的竞争对手约翰·迪瑞开始击球。毫无疑问，约翰·迪瑞意识到在这场机会已成败局的比赛中，他有了一个千载难逢的翻转机会。为此，他一鼓作气，接二连三赢了心浮气躁的路易斯，最终不可思议地扭转败局，获得了冠军。路易斯沮丧不已，颓然离开赛场。次日清晨，人们才发现他跳河自杀了。

作为一名曾经叱咤球场的世界冠军。不得不说路易斯球技精湛，但他对自己的情绪管理能力却非常低。仅仅因为一只苍蝇，他就变得心浮气躁，最终触犯规则，被罚下场，而后也没有调整好心态，接连输掉比赛。在沮丧离场之后，他居然没有反思自己为何失败，反而错上加错，结束了自己的生命，可谓糊涂之至。可以说，路易斯的情商使他败得很惨。

没有人会在人生的道路上一帆风顺，几乎所有人都会遭遇人生的困境和逆境。越是在艰难的时刻，高情商者越是要控制好自己的情绪，从而尽量保持理智和冷静，从容对待发生的一切。这样的人才是自己的主宰，也才能拥有强大的气场，最终超越自己，战胜自己。反之，如果一个人只能接受成功，而经不起任何失败的打击，那么注定他的人生将会是可悲的，也注定他的气场将会越来越弱，力量全失。

除了拥有高情商之外，要想提升自己的气场，我们还要具有亲和力。亲和力就像是润滑剂，能够帮助我们的气场与他人的气场相融合，也是让他人对我们顿生亲切感和亲近感的必备要素。很多领袖人物之所以群众基础扎实，能够得到群众的支持，就是因为他们具有亲和力，能够走到群众的心里，得到群众的认可。诸如美国前总统罗斯福在通过无线电广播与民众沟通时，特意放缓语速，从而让自己所说的每一句话都清清楚楚被民众听到。而且，罗斯福还会使用民众的语言，以保证自己的讲话使每个阶层的民众都能听懂。罗斯福能够成为美国历史上最伟大的总统，就是因为他的亲和力让他有了坚实的民众基础，也让他的气场变得无比强大。

最后，要想让自身的气场强大，必须拥有顽强的意志力。心理学家经过研究已经证实，气场强大与否，很大程度上取决于人的意志力是否坚强。一个拥有坚强意志力的人，才能始终激励和鞭策自己在人生的天地上深耕，也才能激发出自己蕴藏的巨大能量，从而影响气场的强弱。作为美国新黑格尔主义的代表人物，罗伊斯甚至认为意志力是人类所有的精神生活，而精神生活恰恰是气场存在的基础和发展的根基。拥有顽强意志力的人，往往能够保持强大的气场，哪怕在人生中遭遇困境，也能够坚定不移地勇往直前。早在两千多年前，孟子就曾说过，“天将降大任于斯人也，必先苦其心志，劳其筋骨，饿其体肤，空乏其身，行拂乱其所为，所以动心忍性，曾益其所不能”。这句话告诉我们，那些成就大业者非但没有得到命运特别的眷顾，反而饱受折磨和磨砺，从而才能拥有顽强的意志力，最终获得成功。因而朋友们，如果你们想要拥有强大的气场，也要不断磨炼自己的意志力，让自己如同钢铁般坚不可摧，这样你们才能在人生的道路上越走越远，也才能最终如愿以偿成就自己的梦想和理想，获得成功。

# 中篇

# 气场修炼

# 第 3 章　独特的个人魅力，为你的气场加分无限

一个人要想增强自己的气场，除了具备各种决定气场的内在因素之外，还要注重打造个人的完美形象，增强个人的独特魅力。就像心理学家所说的首因效应，每个人给他人留下的第一印象，往往影响很大，甚至决定了这个人最终是否能够得到他人的好感。所以明智的朋友会致力于打造个人魅力，从而为自己的气场加分。

## 打造好形象，给人好印象

一个人影响力的大小，与气场的强弱之间有着非常密切的关系，有的时候，影响力还会对气场产生反作用，从而影响气场，使气场发生变化。人人都想拥有影响力，然而影响力并非是天生的，而是要经过后天的努力练习不断塑造形成的。仅从外表来看，个人形象是影响力的外在表现，从这个意义上说，影响力尽管看似无形，实际上也是有所表现的。细心的朋友们会发现，那些在社会上德高望重、有强大影响力的人，他们不但地位很高，而且非常注重保持自己的良好形象。同样地，他们也因为自身的形象赢得他人的尊重，并且得到他人的大力支持和极大的信任。毫无疑问，

在人际关系被提升到前所未有高度的现代社会，能够建立良好的社会关系，对于每个人的发展而言都是非常重要的。尤其是当一个人能够发挥自身的影响力，通过自己的能力去影响和改变他人时，他的气场自然非常强大。

不管是在生活中还是在职场上，良好的形象都能给我们加分。如今，虽然并不完全是靠颜值的时代，但是形象的重要作用不容忽视。很多用人单位在招聘的时候，会对应聘者的形象进行一番认真细致的观察，还有些年轻人在寻找伴侣时，因为在短时间内无法了解对方的内在，所以也会首先通过外在形象来初步了解对方。对每个人而言，形象都是自我展示的窗口，能够让他人通过形象初步认识和了解我们。尤其是对初次见面的陌生人而言，主要以形象建立的第一印象，更是会对未来的相处建立一定的基调，甚至影响人们彼此之间此后的相处和交往。因而，每个人要想增强自身的气场，扩大自己的影响力，就一定要努力打造自己的形象，并且始终保持良好的形象，这样才能奠定自己在他人心目中的地位，给他人留下好印象。

通常情况下，人们对于成功者总是采取仰视的目光，甚至无形中就把成功者的风采不断扩大，觉得成功的光环使人感到目眩神迷。实际上，大多数成功者除了艰苦努力的奋斗之外，成功的要素主要包含两个方面的品质。首先，成功者的内在要有强大的精神世界，包括坚韧不拔的品质、顽强不屈的毅力等。其次，成功者除了内在的精神力量之外，也会竭尽全力打造自己的完美形象，让自己衣着得体，言行举止都不同凡响。对于每一个成功者而言，内在的素质与精神和外在的形象与谈吐都要统一起来，缺一不可。否则，一旦缺少了内在或者外在，他给人留下的好印象就会变得残缺，也会因此而无法获得成功。

现代社会，很多职场人士都渴望获得成功，那么也要把自身的内在精神与外在形象统一起来。一个职场人士哪怕衣着光鲜亮丽，但却总是迎难而退，无法担当大任，那么也是不可能获得成功的。与此相反，如果一个职场人士精神上很顽强，也能承担起重要的责任和艰巨的任务，但是外表却邋里邋遢，给人不修边幅之感，那么就无法给人留下好印象，甚至会给自己的工作带来困扰和障碍。很多职场人士对于职业形象的重视程度总是不够，还总是以“不能以貌取人”安慰自己，殊不知，如今的职场不是以貌取人，而是要用外在的形象包装来提升自己的气场，也壮大自己的气势。总而言之，职场人士要想获得成功，必须内外兼修，才能卓尔不群。

作为清朝时期大名鼎鼎的商人，胡雪岩的商业发展也并非一帆风顺。有一次，上海本地的商人联合起来，一起排挤胡雪岩在上海新开业的商行，这次的联合排挤行动甚至很快影响到杭州。要知道，杭州可是胡雪岩的根据地啊，看到这次事件的影响范围这么大，影响这么恶劣，好几个大客户都当即决定明哲保身，中断和胡雪岩的合作。

有一天，胡雪岩在上海处理生意危机后赶回杭州，那些大客户都偷偷地观察胡雪岩。他们原本以为胡雪岩一定会身心憔悴，如同丧家犬一样。却没想到胡雪岩衣冠楚楚，精神抖擞，整个人看起来依然情绪饱满，丝毫不觉得沮丧。然而，只看到胡雪岩的穿戴他们还是不放心，因而又跟到商行里继续观察胡雪岩。他们认为胡雪岩经受这次惨重的打击后一定会一蹶不振，停业整顿，却没想到胡雪岩和往常一样坐在商行里悠闲地品尝名茶，看起来完全没有受到这次恶劣事件的影响。他们纳闷不已，也对胡雪岩钦佩不已。最终，他们对胡雪岩重建信心，还联合起来要帮助胡雪岩一起对抗排挤，共渡难关。

其实，遭到其他商户的联合排挤，那些大客户的推断并没有错，胡雪岩的确遇到了前所未有的困境。然而，胡雪岩并没有因此就一蹶不振，也没有因此让自己的形象变得沮丧绝望。正是他一如往常的表现和光鲜亮丽的形象，才让那些大客户改变决定，不是背弃他，而是坚定不移地站在他的身边，支持他，和他一起共渡难关。归根结底，是胡雪岩的良好形象提升了他的气场，扩大了他的影响力，也真正帮助他建立信心，获得大客户的信任，从而才能渡过难关。

需要注意的是，很多朋友对于形象的理解过于片面，总觉得作为形象就是穿衣打扮，实际上，形象绝不仅仅局限于穿衣打扮，而是一个人外在形象与内在素质，以及言行举止的统一给人留下的综合印象。甚至一个人的坐立行走等，都可以涵盖在形象的范畴内，总而言之一切表现在他人面前，以及能够给他人留下印象的表现，都可以归入形象的范畴。因而打造自身的完美形象尽管说起来简单，甚至单纯地改变一个人的衣着打扮也很简单，然而要想提升一个人言谈举止的水平，让他以综合素质给他人留下好印象，却没有那么容易了。归根结底，打造自身的形象要从内在和外在两个方面着手，尤其是对于内在的提升，更是要假以时日，付出长久的努力。

# 用眼睛凝聚你的气场

喜欢看影视剧的朋友们都会发现，每当在关键环节，导演总是安排演员用眉目传情，或者用眼神表达不可言说的感受和情绪。由此可见，眼神是比语言的表达更为生动和微妙传神的。常言道，眼睛是心灵的窗口，这句话非常有道理。也因此，眼睛成为气场的汇聚之处，也是每个人身上最大的亮点。

也许有些朋友会遗憾地说："我的眼睛很小，如何能够传神呢？"其实这完全是对眼神的误解。眼睛是否传神，与眼睛的大小并没有关系，而在于眼神能否汇聚气场，从而把巨大的能量传递给他人。那些实力派的演技明星，无一不善于用眼神传递自己的气场。很多美女和帅哥明星，天生就颜值很高，拥有大眼睛，但是也有一些明星眼睛并不大，诸如孙红雷，再如林永健。他们正是用眼神的闪光点，弱化了眼睛的其他缺点，从而才能让自己的眼睛充满魅力，气场强大。

眼神能够传达很多微妙的感情，诸如无奈、热情、冷漠、犹豫等。还记得国民男神靳东主演的《伪装者》吗？在《伪装者》中，靳东发挥了强大的演技，眼睛里都是戏，尤其用眼神把伪装者的角色刻画得入木三分。当然，生活既是一场戏，又不是完全在演戏，所以我们每个人也不可能像专业演员那样充分运用眼神表达自己的内心。在日常生活中，眼神坚定不移的人，往往内心坦荡，而眼神飘乎不定的人，则总是缺乏自信，甚至给人留下心怀叵测的感觉。一个人要想让自己的眼睛成为气场汇集之地，就要努力提升自己的气场，而且要让自己拥有强大的精神支撑，从而能在特定的时刻用眼神来展示自己的风采。

现代职场，很多职场人士因为工作需要，都需要参加各种谈判。尤其是在与商业伙伴进行谈判，且涉及利益之争中，坚定有力的眼神就显得必不可少。那么，如何才能让自己的眼神坚定不移呢？这不仅仅是眼神的问题，而是要首先增强自己的自信心。要知道，一味地对着镜子练习眼神，最终会使眼神外强中干，也许看起来很坚定，实际上却没有强大的内心作为支撑。所以要想让眼神坚定，最根本在于提升自信，从而让自己的气场变得强大起来，眼神自然也就会如同利剑一样锋利和坚定。

有很多人在看他人的时候眼神总是躲躲闪闪，甚至把眼皮耷拉着从眼角下面翻着眼睛看人。这样的人或者居心叵测，或者心怀不轨，会给人留下很不好的印象，也会导致自己的气场减弱。总体而言，我们在生活中应该避免这样的眼神，还要避免斜着眼睛看人、目光游移不定地看人。这几种眼神都会给人留下恶劣的印象，一定要避免。当然，有的眼神是因为性格原因导致的与众不同，这种情况下，一味地改变眼神只能是舍本逐末，唯有先调整好自身的心态，完善自己的性格，眼神也才能水到渠成地改变。

也许有些朋友觉得眼睛的动作非常细微，不至于释放出太多的恶意，很多人也根本不会留意到。实际上，眼神在人的整个精神面貌中起到非常重要的作用，绝对不容忽视。既然眼睛是心灵的窗口，我们就要擦亮心灵的窗口，从而也更好地与他人相处和交流。

大名鼎鼎的京剧表演大师梅兰芳虽然出身于京剧世家，但是从小就被老师断言并不是学习京剧的好苗子。原来，梅兰芳的眼睛因为近视，所以眼神显得很呆滞，而且他的眼珠也因为目力不佳，导致转动不够灵活。然而，梅兰芳从小被家庭环境熏陶，非常喜欢京剧，因而他下定决心要锻炼自己的眼神，让自己成为学习京剧的好苗子。

为了练习眼神的敏锐和灵活，他养了很多鸽子，以训练自己的眼力。每天清晨天刚亮，他就把鸽子放飞，然后用眼睛盯着飞翔的鸽子，从而让自己的眼神更灵活，也更加炯炯有神。有的时候，鸽子很快就飞远了，看不到身影，因而梅兰芳又把红布条扣在长长的竹竿上，一边不停地挥动竹竿吸引鸽子在附近盘旋，一边再用眼神追逐鸽子。日久天长，梅兰芳的眼睛变得越来越有神，视力也越来越好了。最终，他成为一代京剧大师，他在京剧舞台上眉目传情的表达赢得到了无数人的喜爱，他也真正传承了国粹——京剧，为京剧艺术的发展做出了杰出的贡献。

梅兰芳之所以演技高超，似乎因为他的眼神生动，有丰富的舞台表现力。难以想象，梅兰芳曾被老师断言不是学习京剧的好苗子，而他决不放弃，勤学苦练，终于把自己的眼神练得非常敏锐，富有魅力。

不得不说，当眼神具有吸引力，一个人的气场就会瞬间变得强大起来。当然，从梅兰芳身上我们也可以看到，眼神并非完全取决于天生，而且后天的勤奋练习将会在很大程度上使眼神越来越灵活，也让眼神极富表现力。所以朋友们，如果你们觉得你们的眼神还不够生动敏锐，也无法表现出你们的强大气场，那么就从现在开始勤于锻炼眼神吧。相信经过勤学苦练，你们的眼神一定能够神采奕奕，生动传神，成为你们强大气场的聚光之处。

# 以倾听者的姿态表达出你的尊重

人际交往中，很多人善于侃侃而谈，觉得只有这样才能表现出自己的能力和水平，也才能彻底征服对方，赢得对方的尊重和认可。实际上，每个人之所以长了两只耳朵，而只有一张嘴巴，就是因为造物主想让人们更多地倾听，而不要总是滔滔不绝。当然，这只是一句调侃的话，却为我们揭示了深刻的道理，那就是在与他人相处时，认真地倾听往往比一味地表达更重要。首先，倾听能够表达我们对于说话者的尊重，尤其是在与某些人相处时，倾听是我们谦虚姿态的表现。其次，倾听能够帮助我们了解他人，从而也为我们有的放矢地说话奠定基础。尤其是在与陌生人相处时，如果我们一味地只知道滔滔不绝，那么最终我们就会失去了解他人的机会，也会导致说出去的话完全不能打动对方，更说不到对方的心里去。最后，倾听还能帮助我们赢得他人的尊重和认可。尊重总是相互的，我们如果想赢得他人的尊重，首先要尊重他人，这样才能得到他人的友好回应。而在交流的过程中，倾听者的姿态恰恰能够表达我们对他人的尊重，也能够帮助我们赢得他人的好感和认可，从而使我们与他人的交往更加顺利。

从交谈的本质而言，交谈的双方都有倾听的义务和表达的权利。倾听是交流的基础，如果没有倾听，交流也就无法进行下去。更多的时候，我们与他人交谈，并非是为了让对方欣赏我们的思想和观点，而是要更加深入了解对方的所思所想。央视主持人白岩松曾说，每个生命都需要表白，既然如此，我们为何不把表白的权利赋予他人呢？相信当你认真倾听他人之后，你的表达也会得到对方同样的尊重和对待。总而言之，一个人如果不善于倾听，根本无法与他人顺畅地沟通。尤其是在职场上，如果作为下属不能很好地倾听上司，也不能很好地倾听同事，那么既无法了解和贯彻执行上司的安排，也无法与同事之间取得良好的合作，可谓损失惨重，也会给职业生涯发展带来很多阻碍。

作为一名保险推销员，乔乔最近正在联络一个大客户。这个大客户不但要给自己和家人购买保险，而且要给企业里的员工购买保险，因而乔乔总是隔三岔地拜访这位大客户。然而，乔乔经常遭遇闭门羹，因为作为公司总裁的大客户不是在开会，就是在出差。

有一次，乔乔去拜访大客户时，恰恰大客户飞到美国去了。为了更多地了解客户的信息，乔乔特意与秘书多聊了一会儿。秘书告诉乔乔，总裁的儿子即将从哈佛大学毕业，总裁去参加儿子的毕业典礼了。乔乔脑中灵光一闪，似乎找到了与客户交流的契机。

估计客户大概从美国回来了，乔乔当即抓住时机去拜访客户。这次与客户见面之后，乔乔第一时间恭喜客户的儿子毕业了。这一恭喜，就如同打开了客户的心扉，客户马上滔滔不绝开始介绍自己的儿子给乔乔听。乔乔一直在很用心地倾听客户的讲述，还时不时地以羡慕的语气询问客户哈佛大学的毕业典礼是不是很震撼，又询问客户的儿子毕业后有何打算。对此，客户丝毫不觉得厌烦，而是非常有耐心地、带着骄傲的情绪对乔乔知无不言，言无不尽。整整一个下午，乔乔成为客户最好的听众，让客户彻底把优秀的儿子说了个透彻。离开的时候，乔乔再次恭喜了客户培养出如此优秀的儿子，然后轻描淡写地说："刘总，这是我给您做的保险计划，您抽时间可以看一看。我先放在这里，有任何问题您随时联系我即可。今天真的很荣幸，可以听到您讲述这么多宝贵的经验和心得，也带我领略了哈佛大学的风采。这都因为您有一个这么优秀的儿子，您真是人生赢家啊！"

几天之后，客户主动联系乔乔，让乔乔带着保单去和他签订保险协议。

乔乔到底做了什么，就如此轻松地拿下这个大客户呢？实际上，乔乔并没有特别做什么，而只是充当了一个专心致志的倾听者而已。乔乔知道，客户去哈佛大学参加儿子的毕业典礼一定会非常兴奋，也知道客户回国的第一时间就需要找人倾诉，炫耀自己的儿子，这完全是人之常情。为了得到这个机会，充当对客户非常重要的角色，乔乔在客户刚从美国回来就赶去面见客户，也因为认真的倾听成功打动了客户的心。

实际上，吉拉德在推销汽车的生涯中，有一次在客户即将签约购买新车的时候，就因为忽略了客户对儿子的讲述，因而错失了几乎板上钉钉的订单。实际上，每个人都无法抗拒他人对自己的认真倾听，尤其是当他人在倾听的过程中还时不时地对他们进行暗示性赞美时，他们就会更加信任这个人，也对这个人留下非常好的印象。沟通是一切交往的基础，当沟通进行得很顺畅，其他的事情也必然推进顺利。所以一个有强大气场的人，也必然是一个善于倾听和沟通的人。记住，有的时候哪怕你一言不发，而只是专心致志地倾听，你的强大气场也同样会润物细无声地影响和改变他人。

## 站如松，行如风，心怀坦荡

前文我们说过，形象包括很多方面的因素，而不仅仅局限于一个人的穿衣打扮。包括行走、站立的姿势等，都属于形象的范畴。所以要想提升自身的气场，我们一定要打造自己的良好形象，除了要衣着得体外，也要提升自己言谈举止的素养，更要让自己坐有坐相，站有站相，而且行走的时候更要昂首阔步，表现出自己坦荡从容的气势。

如今，很多高中学校和大学院校，在新生入学之初都会开展军训活动。军训时，教官会以对待军人的要求训练学生们的站姿和走路的姿态。站立的时候，必须挺直脊梁，目视前方，而行走的时候，则要昂首阔步，步伐坚定有力。这样的气质，才是属于军人的，也能够提升学生的气场，让学生变得如同青松般挺拔和坚毅从容。

很多人都喜欢看阅兵仪式，每当遇到大阅兵的时候，他们或者守在电视机前或者去到天安门前，亲身感受军队的魅力。尤其是在现场的观众们，在军队迈步走过天安门前时，他们会感到发自内心的震撼。实际上，这正是军队的气势震撼了他们，也使他们感受到军队的强大气场。

如果把人的形象与人的内在心理联系在一起，那么我们就会知道，一个人只有在充分自信的状态下，才能保持挺直脊梁站立着，双目炯炯有神，目光平视。很多男人身材提拔，也因为拥有正确的站姿，显得器宇轩昂。而那些自卑的、胆小怯懦的人，则往往内心深处很自卑，意志也很消沉，所以精神萎靡不振，站着的时候也含胸低头，行走的时候更是迟疑不决。反过来看，一个人的站姿和行走的姿态，也能够表现他们的内心，从而影响他们的气场。因而想要提升自我气场的朋友们，一定要先从锻炼站姿和行走的姿态做起，从而让气场由外而内得到提升。

最近，刘倩要代表公司接待客户公司的代表团，并且作为全程陪同，带领代表团参观公司，也领略当地的风采。为此，刘倩进行了充分的准备，她很清楚自己作为公司的代表，在接待客户代表团的时候绝不能出任何纰漏，否则就会导致合作难以进行。曾经在大学期间选修过商务礼仪的刘倩，还特意找了一些商务礼仪的书来认真阅读，从而从各个细节方面提升自己。在短短的十几天时间里，刘倩努力学习，终于赶在代表团到来时，让自己的商务礼仪更上层楼。

在接待客户代表团的过程中，刘倩始终保持面带微笑，坐有坐相，站有站相，而且走路的时候姿态优美，展现给客户彬彬有礼、不卑不亢的姿态，赢得了客户代表团的一致好评。在考察结束回去没多久，客户代表就发来传真，约定谈判签约的时间。实际上，因为刘倩热情周到的接待，他们已经认定要与刘倩所在的公司合作，并且还指定让刘倩担任与他们对接的任务呢！

原本只是作为小职员的刘倩，因为接待客户代表团表现优秀，以良好的形象、强大的气场征服了客户，所以非但对公司顺利签约起到了极大的辅助作用，而且被客户指定为项目对接人，也因此得到了提拔和晋升，可谓一举数得。

在如今的商务谈判和洽谈中，良好的职业形象往往起到重要的作用，因而作为职场人士，不但要打造好狭义上的自身形象，更要掌握商务礼仪，以得体的言行举止给客户留下良好的印象，这样才能展现公司的实力，彰显公司的风采，也才能促进公司与客户之间的合作顺利达成。

很多职场人士误以为只要具备超强的专业技能，也具备过硬的实力，就能争取到宝贵的合作机会。殊不知，随着现代文明的发展，越来越多的人注重软实力，因为软实力恰恰能够从细节方面代表和彰显一个公司真正的实力，以及这个公司的素质与涵养，甚至是公司文化和理念，等等。所以现在有越来越多的公司注重提升员工的素质，帮助员工形成与公司的大气场相融的气场，也是提升公司的软实力，让公司更容易在激烈的市场竞争中取胜。

作为个体，我们也必须认识到，一个人站立和走路的姿态会使他人印象深刻，有的时候，甚至一个人不说任何话，也不做出任何举动，同样能表现出其气质与涵养。甚至还有人说，一个人的站姿和行走的姿态，恰恰折射出他们的人生态度，由此可见，站姿和行走的姿态是非常重要的。举个最简单的例子而言，当一个人走起路来虎虎生风，那么他们做人做事也往往雷厉风行，当机立断。相反，如果一个人走起路来拖拖拉拉，似乎脚上正趿拉着一双拖鞋，那么他们做人做事也必然拖泥带水。所以朋友们，如果你们的站姿与行走的姿态不符合气场的需要，那么从现在开始就努力改变自己的站姿和行走的姿态吧。当你努力改变和调整自己，让自己的站姿和行走的姿态都能够提升气场时，你会发现站如松行如风的你，似乎内心也发生了很大的改变，变得坚毅果敢，变得淡定从容！

# 声音也能彰显你的魅力

个人形象的打造，除了外表的气质面貌与行走坐立的姿态之外，还应该涵盖我们与人沟通时的重要要素——声音。人们常说，语言是思想的外衣，那么声音则是语言的媒介。除了聋哑人之外，几乎每个人要想与他人交流，都需要依靠有声的语言。因而也可以说，声音是传递信息的介质，是人生活中必不可少的交流方式的媒介。当然，声音并不是单纯的音质、音色与音调，声音本身并没有意义，而是因为它所表达的内容，才产生重要的意义。所以要想实现对声音的掌控，我们必须提升自己的口头语言表达能力，必要的时候还要掌握一定的表达技巧，才能让自己的表达事半功倍，也才能让自己与他人的语言交流进展顺利，效果显著。

当然，既然声音同样作为个人形象打造的重要方面，可想而知，声音对于气场的强弱同样影响很大。很多现场听过演讲的朋友都知道，很多水平特别高的演讲者，尤其善于利用声音的表达，增强自身的气场。他们的演讲不但打动人心，而且能够使人心潮澎湃，热泪盈眶，甚至振臂高呼。这就是演讲的魅力，也是声音的魅力。

日常生活中，我们说话的声音总是处于不断的变化之中。这种变化是因为我们自身的变化引起的，往往会影响我们对于自己和他人的感知。曾经，西方有一家权威机构经过调查发现，大多数人都觉得声音是构成气场的重要组成部分，甚至认为一个人的声音必须具有吸引力，这个人才能具有吸引力。所以，当一个人拥有富有魅力的声音，他与他人的交往也会更加顺利。而一个人的声音如果听起来干巴巴的，让人觉得枯燥乏味，那么也就没有人愿意倾听他说话，他自然也就毫无吸引力和影响力可言。由此可见，打造富有魅力的声音，对于增强气场是很重要的。

也许很多朋友都会感到困惑，音色不是天生的，根本无法改变吗？的确如此，音色是无法改变的，但是我们却可以调整和控制音调，也能通过掌握气息改变音质。就像中央电视每天晚上的新闻联播播音员，他们既有天赋，也的确是接受了针对声音的训练，才会成为“国脸”。不得不承认，这些播音员的声音都独具魅力，也使人无法抗拒。

还记得读大学时期每天晚上听的音乐广播台吗？主持人低沉悦耳的声音总是让我们无法自拔，甚至把他们幻想成富有魅力的帅哥。这一切，都是因为他们的声音迷惑了我们，对我们产生了强烈的吸引力。

那么，我们如何才能让自己的声音也独富魅力呢？首先，在与他人交流的时候，哪怕隔着电话线彼此看不见，我们也要把身体坐得端正，面带微笑，然后再与对方交谈。尤其是在进行工作上的通话时，更是要严格做到这一点。细心的朋友会发现，一个人坐着说话与躺着说话、站着说话相比，声音的表达是截然不同的。一个人笑着说话与愁眉不展地说话、极其不耐烦地说话，传递给他人的讯息也是完全不同的。所以在进行正式的通话时，我们必须正襟危坐，保持积极的姿态，面带笑容。当然，如果是与亲近无间的人进行私人通话，就无须介意这些小小的细节了。

其次，如果声音天生就不优美动听，又要如何改变呢？其实，声音通过后天的练习是可以改变的，毕竟一个让人生厌的声音很难得到他人的喜爱。因而，我们要努力通过不断练习，来调整发声的气息，也渐渐改变自己的音质。有的时候，在声音中加入积极乐观的情绪，对于声音的表达也会起到很好的提升效果，也同样能够增强气场。

最后，声音最好控制和变化的就是音调。当我们字正腔圆、抑扬顿挫地表达一句话，和平铺直叙、含糊不清地表达一句话，效果一定是截然不同的。所以让声音变得富有韵律，富有节奏感，对于每个人而言是最容易做到的事情，也是最难做到的事情。之所以说最容易，是因为声调很容易控制，之所以说最难，是因为要想把声调控制得恰到好处，不但要求我们理解自己所要表达的内容，也要求我们审时度势，根据当时的情况调整好声调的高低，最后还要求我们在富于变化的声调中注入强烈的感情，使我们的声音散发出独特的魅力，不但感动自己，也要感动他人，从而达到增强气场的目的。

总而言之，大多数人之间进行交流和沟通，都要通过声音作为语言的媒介，传递各种信息。而声音的表达内容是非常丰富的，我们一定要掌握发声的技巧，也要掌握改变声音的方法，才能最大限度发挥声音的魅力，让声音准确到位地为我们传情达意。尤其是在各种复杂的人际交往中，我们要根据交往对象的特点和现场的具体情况，随机调整自己的声音，也使得声音的魅力增强气场，让我们顺利达到交流和沟通的目的。

# 第 4 章　做情绪的主人，让你的气场充满正能量

情绪会影响人的气场状态，很多负面情绪都会污染积极的气场，导致积极的气场减弱，被消极的情绪占领。所以我们要做情绪的主人，赶走诸如愤怒、悲伤、压抑等情绪，从而才能让自己的精神世界变得强大，形成积极的吸引力，也让自己的人生获得幸福与快乐。曾经有心理学家经过研究证实，愤怒会瞬间降低人们的智商，甚至使人智商为零。实际上，愤怒不但会降低人的智商，也会减弱人的气场，因而明智的朋友们一定要始终掌控情绪，做情绪的主人，也保证自己的气场充满正能量。

## 不要让愤怒成为脱缰的野马

每个人都有脾气，也有自身的小情绪，因而人是感性动物，或者因为某件小事情感动得掉眼泪，或者因为不值一提的事情暴跳如雷，导致自己失去理智，陷入愤怒的深渊。殊不知，有脾气没关系，也是人之常情，然而如果被愤怒驱使着做出让自己追悔莫及的事情，那么一切都会为之晚矣。所以一个人要想变得强大，首先要学会控制自己的脾气，从而驾驭自

己的情绪，控制住愤怒，不让愤怒毁掉自己的人生。

众所周知，人生不如意十之八九。人生从来不是一帆风顺的，总是会跳出来很多不如意的事情，也总是会遭遇各种坎坷挫折和磨难。在这种情况下，不管是面对生活和工作，还是面对爱情和婚姻，我们根本无法始终保持平心静气，也就会因为无法控制愤怒而导致人生鸡飞狗跳。虽然人人都知道生气是用别人的错误惩罚自己，然而实际上，生气也会减弱我们的气场，让淡定自若的我们瞬间变得手足无措，也使我们的人生不断地走下坡路。所以明智的人不会让愤怒变成脱缰的野马，也不会让人生陷入窘境。

二十世纪六十年代，在美国，有个大学校长参加了美国中西部某个州议会议员的竞选。这个人不但学识渊博，才华横溢，而且曾经担任过很多年的大学校长，因而很有声望，赢得选举的可能性非常大。

然而，竞争对手为了赢得竞选，四处挖掘关于他的负面新闻。在对方无所不用其极的施展手段下，关于这位大学校长的流言蜚语渐渐传出来。原来，这位大学校长在大学工作期间，曾经与一位年轻美丽的女教师传出绯闻。实际上，这个流言蜚语完全是子虚乌有，是竞争对手故意捕风捉影，捏造出来中伤这位大学校长的。然而，大学校长为此非常愤怒，他只想马上洗清自己，不给对方任何可乘之机。他愤怒极了，每次参加竞选演讲的时候，都会首先把这件事情拿出来讲述一番，试图以此恢复自己的名誉。实际上，那些支持他的选民根本没把这件事情放在心上，还有些选民甚至连听都没听说过这件事情。然而因为他不停地为自己辩解，导致大多数选民反而越发相信他的确有问题，所以才会做贼心虚。

选民的质疑让他更加气急败坏，就这样，他渐渐地失去选民的信任，甚至连他的妻子也因为他气急败坏的样子而开始怀疑他。最终，这位曾经的大学校长非但没有赢得竞选，反而赔了夫人又折兵，与妻子的感情也一落千丈。

不得不说，这位大学校长也许智商很高，但是他的情商真的不够高。他不懂得清者自清、浊者自浊的道理，也不知道如何控制好自己的情绪，从而中了竞争对手的圈套。最终，他不是败给了竞争对手，而是败给了自己的愤怒，也因而导致彻底地失败。

从本质上而言，愤怒是一种情绪，而且会破坏气场，导致气场越来越弱。假如一个人总是陷入愤怒之中无法控制自己，那么日久天长他们就会意志消沉，也会导致自己与他人之间的关系越来越差。因此，每一个真正强大的人，首先是能控制自己愤怒的人，而不是被愤怒牵着鼻子，导致自己在人生中束手无策的人。当然，要想控制愤怒，实际上也是有技巧的。

第一，不要与愤怒对抗，这样只会激怒愤怒，让愤怒更加变本加厉。最好的办法就是接受自己的愤怒，采取合适的方式表达自己的愤怒，甚至也可以自言自语。当你真的把愤怒表述出来，你会发现自己的愤怒减轻了很多，这也是很多女性朋友一旦感到愤怒，就四处找人倾诉的原因。在这个方面，男人往往选择把愤怒压抑在心中，其实这是很不好的。如果实在无人倾诉，我们甚至可以选择在社交平台上找一个陌生人，诉说自己内心深处的愤怒。也可以写一写日志或者日记，从而也能起到倾诉愤怒、消除愤怒的效果。

第二，老司机都知道遇到红灯的时候，要宁停三分，不抢一秒。实际上，在愤怒的情绪红灯面前，我们同样要坚持这个原则，宁停三分，不抢一秒，从而给予自己更多的时间平息怒气。很多愤怒的发展都是抛物线，即愤怒会在某个时段达到顶峰，而等到这个时间段过去，愤怒就会主动消散，我们的情绪和智力也会恢复如常。因此在感到极其愤怒的时候，不如选择某个方法平息自己的怒气，诸如曾经有位老人每当感到愤怒的时候，就会围绕着自己的房子和土地跑三圈。三圈之后，他就怒气全消。如今，有很多男性朋友在愤怒时选择运动，有些女性朋友在愤怒时选择血拼购物，这实际上都会消除自身愤怒情绪的方法。

第三，要让自己的思想变得灵活，用于接受各种新生事物。很多细心的朋友会发现，越是思维僵化的人，越是容易陷入愤怒之中，甚至犯一根筋的毛病，总是坚持必须做某件事情。殊不知，整个世界都处于不断的发展变化之中，人的观念发展更是要紧跟时代的潮流，日新月异。任何人都无法以“必须”界定自己的人生，唯有不断地保持积极进取的心态，我们才能与时俱进，也才能接受新事物。当感到无论如何脑筋也转不过来弯的时候，我们不妨从自身的角色中跳脱出来，从而尝试着换个角度看待问题。这样一来，我们就可以设身处地为他人着想，也就能够尽量理解和体贴他人，也就不会仅从自身的主观角度对他人的行为表示各种不理解和不能接受了。

人生是短暂的，人人都希望获得幸福美好的人生，却不知道幸福的秘密是什么。古往今来，不少伟大的人都因为无法控制自身的怒气，最终导致人生的全盘皆输，诸如周瑜就是一个很爱生气的人，他最终被诸葛亮气得吐血身亡，最大的责任并不在于诸葛亮，而在于他自身。所以朋友们，从现在开始，尝试着用以上推荐的方法或者你自认为有效的方法去控制怒气吧，实际上控制怒气的方法可以不拘一格，只要能起到好的效果就可以。当你成为自身情绪的主宰，能够驾驭愤怒，你会发现自己变得更加强大。

## 远离悲伤，让你的气场充满正能量

读过《红楼梦》的人，都对林黛玉的悲伤印象深刻。也许是因为家世的原因，寄人篱下的林黛玉总是胆小怯懦，脆弱敏感，哪怕是他人一句无心的话，她也会联想到自己身上，因而感时伤怀。哪怕是到了落花的时节，也会激发起她心中莫名的悲伤，使她葬花的时候想起自己的身世，不由得悲从中来。其实，不仅《红楼梦》中有林黛玉，现实生活中有很多人都和林黛玉一样，总是陷入悲伤的情绪中无法自拔。他们常常自我否定，根本看不到自身的优点和长处而盲目自卑，导致人生充满了阴霾，似乎再也见不到阳光。

实际上，人的命运是非常神奇的。前文的吸引力法则告诉我们，气场会辐射出强大的吸引力，从而吸引那些我们想要的东西。从吸引力法则的角度而言，当一个人过于悲观绝望难过，总想到生活中无法面对的糟糕事情，也觉得人生毫无幸福和快乐可言，那么吸引力就无法吸收正能量，也会导致生活更加消沉和低迷。与此相反，哪怕一个人总是遭遇厄运，如果始终保持积极乐观的心态，那么渐渐地，他们气场的能量就会越来越强大，也因为他们辐射出去的吸引力都是积极正向的，所以他们的人生也会越来越好运，也更有可能得到自己一直想要的东西。总而言之，每个人要想拥有强大的气场，都要远离悲观的情绪，从而才能让自己充满积极的吸引力，也才能让自己的气场变得越来越强大，越来越充满力量。

记住，你关注什么，你的气场就会把你的生活改变和塑造成你期望的样子。如果你总是消极悲观，你的生活也必然苦不堪言，如果你总是积极乐观，那么你的人生也会拥有强大的气场，吸收更多积极的能量，帮助你们获得幸福。所以朋友们，如果你们现在还无力改变更多的现状，那么首先就要改变自己的心态，从而让自己的心始终向着乐观的方向努力，也让自己的人生向着最美好的未来奋进。

杰米是一家物流公司的调度员，平日里工作认真努力，为人也很谦和有礼，因而不但在工作上表现出色，与同事之间的关系也和谐融洽。然而，金无足赤，人无完人，杰米有一个致命的缺点，那就是情绪悲观，不管看待什么事情都非常消极，很少表现出积极乐观的样子。

一天下班前，因为临时来了一批货物，所以大家都在齐心协力地卸货，作为调度员的杰米也在现场指挥。然而，等到货物卸完之后，杰米却一不小心把自己反锁在冰柜中了，冰柜的门是要从外面打开的。杰米紧张不已，赶紧声嘶力竭地喊人，还不顾一切地砸冰柜的门。然而，这时候原本就已经延迟下班的同事全都归心似箭，已经离开公司了，因而哪怕杰米喊破了嗓子，也没有人来帮助他。杰米绝望地坐在地上气喘吁吁，他不停地告诉自己：我就要命丧于此了，我就要命丧于此了。想着想着，他更加害怕了，情不自禁地打起哆嗦了。的确，冰柜在全力运转的状态下温度达到零下二十摄氏度，正常人根本无法抵御这样的寒冷，也许要不了十分钟，浑身的血液就会凝固，人也会被活活冻死。想到这里，杰米赶紧找来纸和笔，在极度惊恐和“寒冷”的情况下，开始写遗书。次日清晨，最早来上班的同事打开冰柜的门，发现杰米已经被冻死在冰柜里。然而，让大家感到惊讶万分的是，当天晚上因为冰柜里的东西不需要极低的温度，所以并没有人开启冰柜。又因为冰柜特别大，所以哪怕是处于密封的状态下，里面的氧气也足够一个人呼吸了。那么，杰米到底是怎么死的呢？医生经过检查发现，杰米的身体的确呈现出被冻死的状态，这就意味着杰米是被他发自内心的寒冷和恐惧“冻死”的。

悲观的人面对看似无法逾越的难关和障碍，心底里会产生强烈的恐惧，也会因此而导致身体出现相应的变化。不仅杰米被内心的恐惧和寒冷活活冻死了，曾经有个人因为不小心触碰到高压线，也当即被电死，然而那根裸露的高压线根本没有电，这同样证实了消极悲观的情绪导致人的气场也很消极，以及由此带来的巨大的负面作用和负面影响。

消极悲观的气场不但对我们自身产生负面影响和作用，也会传染给我们身边的人，使得他们吸收到负面能量。试想，有谁愿意自己的人生充满消极，也变得萎靡不振呢？相信答案是否定的。从这个角度来看，消极悲观的气场还会导致我们缺少朋友，被他人嫌弃。而现代社会，人际关系已经成为非常重要的资源，所以我们要想建立良好的人际关系，就要改变自己的情绪，让自己变得积极乐观起来，从而拥有积极正向的气场，也最终能够得到他人的认可与肯定，也吸引更多的乐观者聚集在我们的身边，形成良好的人际交往圈子。

当然，人生从来不是一帆风顺的，人人都会拥有顺境，也会遭遇逆境。尤其是在遭遇逆境时，我们更要勇敢地面对，才能最终战胜逆境。否则，一个在逆境中愁眉苦脸的人，最终不是缴械投降，就是失去面对人生的勇气，彻底败下阵来，根本不可能获得成功。因而朋友们，让我们成为人生的强者吧，拥有积极乐观的内心，拥有卓尔不凡的勇气，也拥有强大的正能量气场！

## 抱怨，只会让你的气场越来越弱

也许是因为现代社会生存压力大，职场上竞争激烈，就连孩子也为了不输在起跑线上而不遗余力地努力，所以导致人人都怨声载道，很多人更是整日不停地抱怨，怨天怨地，甚至也抱怨父母不是富一代或者官一代，没有把自己生成富二代或者官二代。不得不说，这样的心态对于人生起到的都是负面作用和反面作用，而抱怨除了当时能够让人们发泄情绪之外，对于人生真的没有任何好处。而且，这样肆无忌惮发泄出来的负面情绪，还会使我们的心情越来越差，也更加抱怨连天，给身边的人带来困扰，可谓得不偿失。实际上，与其浪费宝贵的时间用来抱怨，不如当机立断展开实际行动，从而切实有效地改变命运。民间有句俗话，叫作救急不救穷，意思就是说人们宁愿帮助一个积极乐观、身陷困境但却不断努力的人，也不愿意帮助一个只知道抱怨、毫无作为的人。所以我们要让自己成为那个值得尊重和帮助的人，而不要变成一个移动的负能量团，让自己和他人都根本看不到希望。

不得不承认，人生中有很多不公平的现象存在。很多人挂在嘴边的人人平等，只是人格上的平等而已，而当各种境遇不公平，也就无所谓真正的公平。面对命运的不公，大多数人都会感到内心不平衡，也因而牢骚满腹，甚至有些人要因此而不断地装可怜，希望引起他人的注意，赚取他人的同情。实际上，可怜人并不能引起他人的同情，明智的人往往更敬重那些从不向命运屈服的人，而不愿意随便施舍自己的同情和怜悯给那些装可怜的人、希望不劳而获得到他人帮助的人。记住，自立自尊而又自强的姿态，永远是这个世界上最令人心生敬意的姿态。

小薇与丈夫张坤是裸婚，就这样一无所有地结了婚，又在经济条件没有好转的情况下有了孩子。因为公婆照顾着家里大儿子家的孩子，所以无法来到大城市帮助小薇带孩子，小薇不得不辞掉工作，亲自带孩子。一开始，小薇还能自我安慰妈妈亲自带孩子，对于孩子的成长更好。然而随着家里失去一个人的收入，生活越来越捉襟见肘，而养孩子的开销也很大，小薇最终开始抱怨。

她几乎每天都在张坤面前怨声载道：“你父母没花一毛钱就娶到了

儿媳妇，现在又对咱们一家三口不管不问，眼看着咱们就差去要饭了，他们也放不下你哥哥家的孩子。我真怀疑你到底是不是你父母亲生的，你大概是他们捡来的，所以他们才会对你这样冷酷无情。我告诉你，我等孩子长大了，绝不会带着孩子去看他们，就让他们一辈子就看着你哥哥家里的两个孩子吧，我们也的确不需要他们的怜悯和施舍。有朝一日咱们过得好了，他们也别想沾一点点光……”原本，张坤因为父母帮哥哥比较多，而几乎从未帮过他们，也的确心中觉得很过意不去。不想，在小薇每天都如同唐僧念紧箍咒一样在他耳边不停地念叨久了之后，他也未免心生厌倦，终于有一天忍不住对小薇吼道：“你要是对我不满意，可以重新找个人嫁了，我绝不拦着你。你要是想跟我过就过，不要总是惦记我的父母，他们帮咱们是人情，不帮咱们是公道，我也没有要求你以后要孝顺他们！”最终，小薇和张坤大吵一架，日子还得无奈地过下去。

在这个世界上，抱怨是毫无用处的语言，根本起不到任何积极的作用。尽管如此，很多人遇到不开心的事情时，还会忍不住会抱怨。就像事例中的小薇一样，她明知道抱怨不能改变现状和解决问题，却依然在张坤面前不停地抱怨，最终导致原本对小薇有些愧疚的张坤也忍不住发起火来，甚至对小薇大吼大叫，这都是因为他再也无法忍受小薇的抱怨了。假如小薇能够坦然接受现状，也任劳任怨地与张坤一起共渡难关，那么相信他们夫妻之间的感情会变得更加深厚，他们的婚姻生活也会更加幸福。这样截然相反的两个结果，你想要哪一个呢？相信明智的朋友都会选择后者，那么就从现在开始戒除抱怨吧！

抱怨对于任何问题的解决都毫无帮助，当抱怨的次数多了，他人对我们的感情就会从同情和理解，变成厌烦和避之不及。还记得鲁迅笔下的祥林嫂吗？虽然她的命运真的很悲惨和坎坷，但是她讲述的次数多了，便再也得不到人们的同情，而只能得到人们麻木的嘲笑。话说得多了，就会变得毫无价值，还会惹人生厌，因而真正的人际交往高手知道，话不在多，而在于精。他们会收敛自己的负面和消极情绪，从而消除抱怨，采取更积极的态度向他人倾诉，而不是一味地喋喋不休。

那么，如何才能消除抱怨的情绪，让我们充满积极的正能量呢？实际上，爱抱怨的人也很难控制自己，尤其是当抱怨成为一种习惯，就更是会严重影响我们的生活。实际上，消除抱怨也是有方法的。首先，我们在想要抱怨的时候，要及时转移情绪，如想些开心的事情，或者想一想要抱怨的人也有很多优点和长处。当因为心情郁郁寡欢而抱怨时，我们还可以假装微笑，笑着笑着，我们就会发现自己的心情真的变好了。度过那段焦虑的时间，我们就不会再怨声载道了。其次，我们还可以给自己一些积极的心理暗示。其实，抱怨从本质上而言是消极的自我暗示，所以很多抱怨的人会在抱怨声中变得更加消极沮丧。一个人一定要避免总是消极地暗示自己，否则就会更加绝望，也觉得人生之中没有什么值得庆幸和高兴的。当我们改变思路，积极地暗示自己，多想想生活中美好幸福的瞬间，那么我们就能剔除心中的怨气，对人生充满感恩。总而言之，抱怨于事无补，还会导致事与愿违，让我们都摒弃抱怨，以更好的心态面对人生吧！

## 设身处地为他人着想，怒气自消

每个人都有自身的主观性，这也使得人们在看待和思考问题的时候，总是情不自禁从主观的角度出发，带着强烈的主观色彩作出选择和决定。也因此陷入主观之中，人们很难从自身的立场中跳脱出来，从而站在他人的立场上设身处地为他人着想。这样一来，人们难免因为外界的大多数事情都与自己的想象和预期相差甚远，因而陷入愤怒之中。实际上，假如能摆脱思维的死胡同，也不会钻牛角尖看待问题，那么人们也许就会有意外的收获。

然而，想要做到设身处地，站在他人的立场上考虑问题，看着简单实际上很难。一则，人人都有趋利避害的本能，都会情不自禁维护自身的利益。因而每个人都希望自己的利益最大化，而难免与他人产生利益冲突，尤其是在职场上，同事之间更容易有利益冲突，也就会导致彼此之间产生矛盾和纠纷。所以要想做到设身处地为他人着想，我们首先要改变心态，不要总是以自我为中心，觉得自己就是宇宙的中心。其次，我们还要学会维护他人的利益。尽管人人都想要得到更多的利益，但是不管是在生活中还是在职场上，其实都是有原则要遵循的。因而我们决不能只盯着利益，而忘记做人做事的原则，要尽量做到客观公正，不唯利是图，才能避免因为利益与他人纠缠不休，自己也陷入愤怒之中。归根结底，其实就是换个角度看待问题。

很多人都容易钻入死胡同，进入思维的怪圈，无论如何也摆脱不掉。

一旦改变角度看待问题，也许原本很难以理解的问题就会豁然开朗。而且，一旦我们做到从主观跳脱出来，换个角度，甚至调整位置看到问题，那么我们也会因为视野的开阔而变得更加宽容，我们的思维也会不受局限，变得更加开阔。

春秋战国时期，管仲和鲍叔牙是好朋友。管仲家境贫困，鲍叔牙家境优渥，为了帮助管仲挣到钱，鲍叔牙拿出大部分本钱，和管仲一起做生意，但是赚了钱之后，他只要很少的一部分，而把大部分钱都给了管仲。对此，鲍叔牙的仆人很生气，愤愤不平地说管仲贪钱，鲍叔牙却不以为然："管仲家里穷，有老母亲需要养，他多分一些钱也是应该的。"有的时候，管仲对生意经营不善，鲍叔牙也不生气，还说是因为时机不好。后来，管仲三次当官都被罢免，鲍叔牙依然坚定不移地支持管仲。在和管仲一起参军之后，鲍叔牙不管遇到什么危险的情况都冲在前面，而管仲却总是跑在最后。很多士兵都说管仲贪生怕死，鲍叔牙却为管仲辩护："管仲家里还有老母亲要赡养，不能死。"听说鲍叔牙如此理解自己，管仲不由得感慨："生我者父母，知我者鲍叔牙也。"

后来，管仲和鲍叔牙都进入朝廷当官，各为其主。在齐国朝政混乱之际，管仲带着公子纠逃亡鲁国，而鲍叔牙则带着公子小白逃亡莒国。后来，得知齐国国军被杀死，小白和纠全都火速赶往齐国即位，路上，管仲为了让纠顺利即位，还设计射杀小白。小白侥幸逃过射杀，回到齐国即位，史称齐桓公。齐桓公当即杀死公子纠，囚禁了管仲，而要任命鲍叔牙为上卿。不想，鲍叔牙却向齐桓公推荐管仲。齐桓公还记着管仲对自己的一箭之仇，因而不愿意封管仲为上卿。最终，鲍叔牙极力举荐管仲，这才说服齐桓公，让管仲回到齐国当上卿。而鲍叔牙呢，则心甘情愿配合管仲治理齐国，最终齐国的国力不断强盛，齐桓公也成为春秋诸侯的霸主。

如果换作别人，一定会觉得自己和管仲在一起合作吃了大亏，甚至因此而愤愤不平，陷入愤怒之中，也把与管仲的交往彻底断绝掉。然而，鲍叔牙总是能够设身处地为管仲着想，也知道管仲多分钱是为了赡养老母亲，在战场上贪生怕死也是因为牵挂家里的老母亲。直到后来齐桓公要封鲍叔牙为上卿，鲍叔牙也毫不心动，而极力向齐桓公推荐管仲，还想方设法说服齐桓公不要记着往日的冤仇。最终，齐桓公封管仲为上卿，鲍叔牙又心甘情愿辅佐管仲一起治理齐国。不得不说，“生我者父母，知我者鲍叔牙也”，管仲的这句话说得非常正确。管鲍之交之所以能够感情深厚，与鲍叔牙理解管仲，总是为管仲着想，是分不开。

常言道，退一步海阔天空，实际上换个角度看问题，同样能豁然开朗。现实生活中，很多朋友不管是对于自己，还是对于他人，都总是怨声载道。殊不知，当你愁眉苦脸面对一切，又怎么可能拥有幸福快乐的生活呢！唯有首先调整自己，让自己变得笑容满面，或者改变对待人生的态度，积极地应对一切，才能发现生活的美好。正如一位名人所说的，这个世界上并不缺少美，缺少的只是发现美的眼睛。所以朋友们，带着一双不同角度的眼睛看待人生吧，带着一颗善于为他人着想的心感悟生活吧，相信你一定会有截然不同的发现和感受！

# 第 5 章　强大的内心，让你的气场越来越强大

气场，虽然受到很多因素的影响，但归根结底来自人强大的内心，是人精神主体的表现。一个人如果精神颓废，内心软弱，是无论如何也不可能拥有强大气场的。所以要想增强自身的气场，除了要改变自己的形象、提升自己各方面的素质之外，最重要的就是让自己的内心变得强大，哪怕面对人生的风雨泥泞和坎坷磨难，也依然迎难而上，勇往直前。

## 相信自己，你就拥有宇宙最强气场

自信的人未必拥有强大的气场，因为气场需要内外因素的配合作用才能形成，然而拥有强大气场的人，一定拥有自信。他们始终表现出充满自信的样子，不管做什么事情都能心中有数，看起来气定神闲、胜券在握，仅仅从气势上就成功了一半。例如，那些明星在举办演唱会的时候，无一不把自己当成整个宇宙的中心，在舞台的聚光灯下投入地又唱又跳，似乎整个世界都是他们的；还有很多杰出的人物尤其擅长当众演讲，如英国曾经的首相丘吉尔，就是从演讲开始了自己的政治生涯，从

最开始第一次演讲半途而废，到最后当着所有人的面侃侃而谈，丘吉尔的成长伴随着演讲而行。其实，大多数公众人物都拥有强大的气场，也因此他们始终自信满满，哪怕走在川流不息的人群中，也能第一时间就得到万众瞩目。

毋庸置疑，对于每个人而言，自信都是特别重要的。一个人只有拥有自信，才能相信自己，也才能斗志昂扬。尤其是在面对困难时，没有自信的人往往知难而退，而自信的人却能够做到迎难而上。他们面对困难坚定不移的态度，甚至能够感染他们身边的人，给予身边的人也带来强大的力量。最近影院热播的《战狼2》中，吴京以自己的右臂为旗杆，把中国人民共和国的国旗套在自己的胳膊上，从而带领整整好几车的人从叛乱的国家撤离。这一幕，让无数中国人感到骄傲和自豪，影片里的吴京也瞬间拥有宇宙最强气场。他的气场从何而来呢？身在异国他乡，他的气场来自于他对祖国的信任。当然，作为普通人，我们不可能有这样的机会成为影星，但是我们完全可以做到相信自己，从而拥有自己的小宇宙。

作为古罗马大名鼎鼎的哲学家，塞内加曾经说过，并不是因为困难导致我们缺乏自信，而是因为缺乏自信，我们才会接二连三遇到困难。由此，我们也可以知道自信与困难的关系，这与一首打油诗有着异曲同工之妙——“困难像弹簧，你强它就弱，你弱它就强”。的确，当我们足够强大，有着坚强不屈的内心，有着对自己的满满信心，很多困难就会不战而降，也会为我们让出通往成功的道路。

从本质上而言，自信绝不仅仅意味着信任，也代表着信念。一个人如果没有自信，就会变得苍白无力，甚至对于自己原本能胜任的事情，也根本无法做好。一个人缺乏自信，还会因为自卑变得犹豫不决，哪怕看到机会就在眼前，也只能眼睁睁地看着机会溜走，导致错失良机。一个人如果不自信，就总是否定自己，无限放大自身的缺点，而无法理智客观地评价自己，看到自身的优点和长处，这样一来，他们的人生发展当然会陷入恶性循环之中，导致各种状况越来越差。从现在开始，就让我们鼓起信心和勇气，勇敢地面对人生的磕磕绊绊吧，只要我们坚持不懈，就一定能够到达成功的彼岸，就一定能够最大限度地发挥自己的潜力，成就独属于自己的精彩人生！

作为世界上大名鼎鼎的交响乐指挥家，小泽征尔成名的道路并非一帆风顺的。有一次，小泽征尔参加世界优秀指挥家大赛，他一路上过五关斩六将，顺利进入决赛。在决赛中，他丝毫不敢疏忽大意，根据评委会提供的乐谱指挥乐队演奏。然而，当演奏进展到一个阶段时，他突然听到了不和谐的音符，原本，他以为乐队的演奏出现失误，因而当即停下演奏，让乐队重新开始演奏。然而，当第二次演奏进行到第一次出现问题的地方时，再次出现不和谐的音符，这次小泽征尔很确定是乐谱出现问题了。

小泽征尔当即向大赛评委会反馈这个情况。然而，在场的诸多专家和评委会的评审，全都众口一词，说乐谱绝对不可能有问题，肯定是小泽征尔错了。此时，小泽征尔思考片刻，然后面对着那些专家和评审，毫不迟疑而又态度坚决地说："不！我没有错，就是乐谱错了！"小泽征尔的话音刚落，评审和专家们全都起立，给予了他祝贺的掌声。原来，这正是决赛的考题，评审和专家们就想找出那个能够相信和坚持自己的人，成为冠军。

大多数人都很相信权威，尤其是在专业领域内，他们更愿意相信那些学识比自己渊博、经验比自己丰富的权威。因而，指挥家大赛的评委才会煞费苦心地设计这道考题，从而检验有几位优秀的指挥家能够当着权威和专家的面，坚持指出乐谱的错误。小泽征尔做到了，而且他很自信，绝不动摇，最终以强大的气场征服了这些专家和权威，他自己也成为举世闻名的指挥家。

信心并不是人们与生俱来就具备的优秀品质，那么如何才能拥有这个成功必不可少的要素呢？首先，我们必须确定一点，即所谓的自信绝不是盲目自信，更不是自以为是。要知道，自信与自负是完全不同的，自信的人能够客观认知和评价自己的能力，最终获得成功，而自负的人是盲目自信，把自己的能力看得过于高强，因而导致事与愿违。当然，在具备基本的自信之后，我们还要为自己制定目标。人生就如同在茫无边际的大海上航行，没有目标的指引就像是船只失去灯塔的指引一样，必然失去方向，也会导致最终漫无目的，毫无收获。

在确定目标之后，接下来要做的就是相信自己，创造奇迹。每个人都是这个世界上独一无二的存在，哪怕是看上去一模一样的同卵双胞胎，也有本质的不同和很大的差别。所以我们不管自己是否完美，都要相信自己，都要看到自身的优点，也认识到自身的缺点，从而客观公正地评价自己，也成就更好的自己。

除了提升自己各方面的能力和素质之外，我们还要学会控制情绪。前文说过，人最大的敌人就是自己，一个真正的强者不但要战胜他人，更要战胜自己，驾驭自己的情绪，从而才能主宰和掌控命运。作为自信的人，要想尽情地享受人生，还要学会放下烦恼。曾经有心理学家经过调查证实，人们很多的烦恼实际上并没有理由存在，那些焦虑更是完全没有必要承受的。当拿得起放得下时，我们面对人生才能从容淡然，自信强大。

## 内心强大的人，才能主宰命运

如果有人问你对于人生最大的目标是什么，你也许会回答拥有更多的钱，买大房子，买好车，然而人生真正的成功并非体现在这些物质方面，而是表现在内心的强大，表现在对命运的主宰和掌控。人生无常，哪怕拥有大房子和豪华的车子又有什么用呢？也许有一天突然天灾人祸降临，这些东西就变成了毫无用处的身外之物。那么，如何才能真正地把控人生呢？其实对于人生的安全感绝不是从物质上获得的，而是要掌握命运，在命运的波澜面前处变不惊。

面对命运的反复无常，总有些人能做到运筹帷幄，他们的从容气度使人折服，他们的强大气场也让人钦佩。就像三国时期的诸葛亮，谈笑间，强撸灰飞烟灭，还能决胜于千里之外，这绝不是任何武将能够与之相媲美的。所以诸葛亮虽然作为一介书生，但是却气场强大，而且成为刘备绝对仰仗的军师，不是没有原因的。看过《三国演义》的人，都会被诸葛亮的淡定从容惊到，甚至在诸葛亮谈笑风生间，作为读者或者观众，已不知不觉就捏了一把汗。实际上，诸葛亮并非是无所不能的，但是他的神机妙算，他的冷静自若，与他的内心强大密不可分。诸葛亮对于全局有超强的把握能力，是因为他首先能够控制自己。诸如在草船借箭的历史事件中，他万事俱备，只欠东风，却能够按捺住自己，让自己保持冷静和理智，等到最佳时机再出击。不说诸葛亮神机妙算的本领无人能及，只说诸葛亮的自控力和自制力，就已经让无数人自愧不如了。

为了研究自控力对于人生的影响，曾经有研究者专门进入养老院，对新加入养老院的老人们进行长期的实验和观察。他把新加入养老院的老人分成两个组，一个组只需要接受养老院的照顾，而不需要为任何事情操心，还要负责欣赏一株植物或者一个小动物；而另一个组则需要根据养老院提供的条件，来自主安排自己的生活，还要负责照顾一株植物或者一个小动物。实际上，这两组老人的生活条件完全是相同的，只不过第一组是被动接受安排，而第二组是主动安排生活。

在一年的时间里，研究者一直针对老人们的生活展开持续的观察。一年之后，研究者发现，第一组被动接受照顾的老人精神沮丧，与人沟通的能力明显下降，而且死亡率高达35%。而第二组需要自主安排生活的老人明显精神状态更好，而且人际交往能力比较强。最重要的是，这一组老人的死亡率只有15%。当然，也许老人自身的身体状况也会对死亡率有一定的影响，但是相差悬殊的35%和15%还是告诉人们，人对于命运的把控，能够帮助他们建立生存的信念，也让他们的人生状态更加积极。

从本质上而言，第二组需要自主安排生活的老人，就是拥有控制力。他们必须操心自己的生活，也要确定在最合适的时间吃饭睡觉，或者是进行娱乐休闲活动。日复一日的操劳，让他们对生活满怀兴致，也激发了他们内心的动力，让他们对生活有追求，有希望，也能够始终保持活力。相比之下，第一组老人虽然生活得无忧无虑，不管什么事情都不需要他们自己操心，但是他们的内心非常软弱，也因为失去对人生的控制力，导致觉得人生枯燥乏味，使人兴致索然。日久天长，他们的内心也会越来越脆弱，对于生的渴望也渐渐减弱。

每个人都希望自己拥有对人生的控制力，也希望自己真正成为命运的主宰。这样一来，他们就能够通过对命运的操控，而化解自身的巨大压力，从而变得越来越自信。人就像植物，如果是温室里的花朵，习惯了温室里良好的生存条件，那么一旦进入恶劣的自然环境，就会极其不适应，也会因此而失去生命力和活力。与此相反，如果人始终生活在恶劣的环境中，甚至经常遭遇生命的磨难，那么他们反而会在一次次与磨难较量的过程中，渐渐地增强自身力量，也随着自身力量的增强，对于人生的把控也更强。从这个角度而言，安逸的生活会消磨人的斗志，甚至使人变得非常懈怠。

在心理学中，有个著名的效应叫“鲇鱼效应”。据说，挪威人特别喜欢吃沙丁鱼，尤其是活的沙丁鱼。然而，沙丁鱼经不起长途运输，往往在从海中被捕捞出来，再运到市场上时就已经变成死鱼了。死鱼的价格和活鱼相差甚远，因而渔民们总是绞尽脑汁想办法运输沙丁鱼，但是大部分沙丁鱼依然死在运输途中。然而，在这些渔民中，总是有一个渔民能把沙丁鱼活着运到市场，也因此总能卖个好价格。其他渔民想方设法想要窥探其中的秘密，这个渔民都管好自己的嘴巴，绝不泄露半点秘密。直到这个渔民死去，其他渔民才发现让沙丁鱼活着运到市场的秘密。原来，这个渔民只是在运输沙丁鱼的时候，在罐车里加入了一条以沙丁鱼为食的鲇鱼。凶残的鲇鱼一加入沙丁鱼的队伍，就四处游动，因而让沙丁鱼紧张地躲避，片刻也不敢停下来。如此一来，沙丁鱼在运输过程中的缺氧问题也就迎刃而解。后来，心理学家把这个效应总结为鲇鱼效应，又渐渐地将其运用到管理领域，以此作为上司对下属的激励或者是威胁管理。实际上，让人们始终保持对生活操控的状态，也就是在以这样的紧张情绪激起人们对于生命的渴望，从而让人们始终保持活力，保持自信，也变得越来越强大。

## 强大的内心，让你的气场更强

外在的包装也许会使人看起来很强大，但却无法给予人强大的气场。这是因为强大的气场必须来自于强大的内心，而一切的虚伪和矫饰都不能迷惑他人对我们气场的感受。一个愁眉不展，遇到困难就想逃跑的人，我们不能说他的内心是强大的。内心真正强大的人，敢于面对一切的苦难和困境，也从不向命运屈服。他们哪怕遭遇困境，也会始终面带微笑，散发出来自心底的自信和从容。他们不惧怕苦难，而把苦难当成是人生最好的学校，他们相信在经历苦难的洗礼后，他们会变得更强大，也不可战胜。

细心的朋友会发现，生活中大多数人一旦遇到危急的事情，马上就会手足无措，甚至还会当逃兵，恨不得找个地洞钻进去，躲得远远的。殊不知，不管人生中遇到什么事情，逃避都不是好办法，因为逃避不能解决问题，而只要一天不解决问题，问题就在那里，甚至还会因为拖延而变得更严重。相比这些人，还有些人真的有“泰山崩于顶而色不变”的气势，他们哪怕遇到再大的事情再严重的危机，也不会手足无措，更不会无计可施。他们会积极地想办法解决问题，绝不会放弃，他们哪怕内心波澜起伏也会保持面色平静。毋庸置疑，和这样的人在一起使人感到很有安全感，也因此这样的男人总是得到大多数女人的青睐，因为女人所追求的正是安全感。很多女性朋友在寻找人生伴侣的时候，都希望对方有信心、有勇气、有责任心，实际上就是想让对方给自己遮风挡雨，尤其是在危难之中时能给予自己安全感。当然，这样的男人必须有强大的内心，才能拥有强大的气场，也才能给身边的人带来安全踏实的感觉。

实际上，每个人的理智都知道，越是在紧要关头，越是要保持理智，这样才能保持智力，也才能积极地想办法解决问题，而一味地慌乱，只会导致自己的内心焦虑不安，也会导致事情朝着负面方向发展。有很多事情事发突然，处理也必须及时，因为一旦延误最佳的处理时机，就会导致当事人陷入被动，无法收场。相信不管是男人还是女人，都希望自己的人生是强大的，是处变不惊的，那么就从增强自己的气场开始做起吧。

“宠辱不惊，闲看庭前花开花落；去留无意，漫随天外云卷云舒。”曾经，很多人都喜欢这副对联，甚至把这副对联写在自己的笔记本扉页，作为电脑屏幕的桌面。然而，尽管知道这句话的人多，真正能够达到这句话所描述境界的人却少之又少。尤其是在现代社会，大多数人都心态浮躁，急功近利，哪怕遭遇小小的困境，他们都会情绪起伏，也会因为面对困难打起退堂鼓。试问，谁的人生会是一帆风顺的呢？尤其是在通往成功的道路上，没有任何人能够一蹴而就获得成功，更没有任何人能够获得天上掉馅饼的好事情。只有端正态度，摆正姿态，一步一步脚踏实地地走在坎坷崎岖的道路上，不断攀升，最终才能获得成功。

作为一家公司的人力资源部主管，貂蝉的工作就是负责人员聘用。然而，销售公司的人员流通率很高，因而貂蝉的工作并不轻松，时不时地就要出差去各大高校校招，在公司的时候则是一场接一场的面试。有的时候赶上节庆日，貂蝉还要负责组织员工排练节目，举办公司里的庆祝会呢！

有一天，貂蝉正在带领同事们在大厦的大厅里练习庆祝会的节目，有个年轻人从外面走进来，问保安：“您好，请问人事部怎么走？”年轻人看起来彬彬有礼，但是保安并不好说话，貂蝉只听到保安大声训斥年轻人：“旁边等着吧，我们正在排练呢，你不要打扰排练了！”年轻人并没有被保安的恶劣情绪影响，而是笑眯眯地走到一边等着。貂蝉因为着急带同事们训练，所以也没有顾得上问年轻人。训练结束之后，天都已经黑了，足足过去了三个小时，貂蝉才发现年轻人还面带笑容地在一边等着。这时，貂蝉不由得对年轻人产生了好奇：这个年轻人涵养真好，不知道要找人事部干什么呢？貂蝉问年轻人："您好，您有什么事情吗？"年轻人毕恭毕敬地说："您好，我是来应聘会计的。"貂蝉当即连连点头，说："欢迎欢迎，明天就来报到上班吧，我们的财务部正缺少你这样有耐心的会计！"

年轻人的气场很强大，虽然被没有礼貌的保安训斥，但是他依然保持愉悦的心情，而且在等待三个小时之久的情况下，也没有烦躁不安，而是始终面带微笑。仅凭他的耐心和涵养，貂蝉就断定他的工作能力也一定很强大。为此，貂蝉当即拍板决定聘用年轻人。

一个人的内心是否强大，不仅仅表现在他们对待突发事件的态度上，更多的时候表现在他们生活的细节上，表现在他们面对很多小事情能否淡定从容。毋庸置疑，人生是琐碎的，每个人在人生之中都有可能面对各种各样的困境。正如古人所说，一屋不扫何以扫天下，人生也是要先搞定那些小事，才有可能把大事做到最好。

从本质上而言，人生的很多事情都是由心态决定的。也有人曾经说过，一个人唯有战胜自己，才能征服整个世界。这句话很有道理，因为人们大多时候不是被外界打倒，而是被自己虚弱的内心打倒。刘欢在一首歌里唱道"心若在，梦就在"，人生恰恰如此。任何时候，我们都要心怀希望，绝不向着命运缴械投降，而是要以强大的精神力量和气场来征服命运，主宰人生。

# 真正的强者，会包容他人

自信是内心强大的标志，谦虚和宽容也是内心强大的标志。一个内心强大的人，对他人有着超强的理解力和包容力，因而拥有强大的气场。很多人对内心强大有着误解，即觉得内心强大就是表现得盛气凌人，不管什么时候都要占据优势，都要压倒别人。实际上，这不是真的内心强大，而是外强中干的表现。一个真正内心强大的人，不会靠着外表的强大来伪装自己，而是因为有发自内心的强大力量，所以对人更为宽容。

与强势相比，包容他人拥有更大的力量。正因为我们包容他人，所以反而能够改变他人，也对他人起到一定的影响和作用。这不仅是影响力在发生作用，也是气场的强大力量。内心强大的人深谙人际相处之道，知道宽容是人际相处的基本原则，也知道唯有宽容和谦虚忍让，才能打开他人的心扉，也唯有以德报怨，才能真正把心结解开，让矛盾消散于无形。现实生活中，很多人都睚眦必报，总是得理不饶人，却不知道得理饶人才能真正地说服他人。

如今，很多人都因为人际交往面临困境而感到非常苦恼，实际上，在人际交往中，唯有宽容谦让，才能表达我们的真诚，也才能让他人体验和感受到我们的真诚，并且回馈给我们同样的真诚。和对人气势汹汹相比，谦逊低调显然是更难做到的。当然，要想与人关系和谐友好，还要注意不要过于斤斤计较。所谓退一步开阔天空，唯有保持心胸开阔，才能与他人友好相处，和谐交往，也才能化解人际交往的矛盾，从而建立良好的人际关系，让自己在生活和工作中如鱼得水。

战国时期，宋就在梁国的边境县担任县令的职务。在当时，梁、楚这两个国家都设有边亭，而且附近的百姓还在边亭种上了瓜果。梁国的百姓非常勤劳，一有时间就到瓜田浇水，因此他们的瓜果长势喜人，几乎一天一个样子，长的速度非常快。相比之下，楚国的百姓就显得很懒惰，他们很少给瓜浇水，因而瓜蔓都有些干枯了。看到梁人的瓜蔓新鲜，他们心生嫉妒，就经常趁着夜色去梁国人的瓜地里搞破坏。很快，梁国的百姓发现楚人居心叵测，因而把此事汇报给宋就，而且请求宋就批准他们也去楚人的瓜地里捣乱。

宋就思来想去，安抚百姓们："如果继续这样冤冤相报下去，只会导致两个国家的人之间关系更加恶劣，也使得仇恨越结越深。"宋就想出了一个解决问题的好办法，他派人趁着夜色去给楚人浇灌瓜地，而楚人次日清晨发现瓜地里的瓜非常鲜活，不由得感到很纳闷。后来，楚人经过夜里的观察，才发现梁人在帮助他们浇灌瓜地，因而非常感激，再也不去梁人的瓜地里捣乱了。从此之后，楚国和梁国边境交好。

如果宋就批准了百姓们的申请，允许他们也去楚人的瓜地里捣乱，那么最终两个国家之间的关系一定会破裂，也会导致两个国家交恶，后果不堪设想。幸好宋就很理智，没有对楚人采取冤冤相报的策略，反而以德报怨，安排人给楚人的瓜地浇水，最终打动了楚人的心，也使得他们对梁国的人心怀感激，不再恶意破坏梁人的瓜地。

实际上，国家之间的交往和人与人之间的交往很相似，只不过交往的单位从国家变成了个人，或者从个人变成了国家。很多人一旦受到伤害，就始终牢记着伤害，殊不知这样恰恰是在延续伤害，让自己的心永远得不到安宁。人们常说，原谅别人就是宽宥自己，就是因为每个人的内心都很小，一旦容纳了仇恨，就再也无法容纳宽容与友好的感情。既然如此，我们何不清除内心的怨恨，让心里洒满阳光，也充满美好的情绪呢！

宽容他人，不但是解放自己，更可以增强自身的气场，让自己的内心变得越来越强大。一个宽容的人从不斤斤计较，而且也不会为了一己私利做出违背原则和道义的事情，因而他们的内心更加坚强，也不会被任何不值一提的小事蒙蔽眼睛。所以朋友们，不要再因为狭隘的心胸禁锢自己的人生了，你们唯有勇敢地敞开心扉接纳整个世界，才能拥有整个世界。这就像是一个人把拳头攥起来，他只有自己掌心里的那一丁点儿东西。而如果一个人打开手掌心，那么他也就把整个世界都把握在手中。

## 积极的态度，才能拥有积极的气场

众所周知，人生要拥有积极的态度，才会赢得更好的发展。遗憾的是，道理人人都懂，真正能够做到的人却只是少数。大多数人面对人生的艰难困境，总是情不自禁地感到消极沮丧，殊不知一旦消极的情绪占据我们的心灵，它就会想方设法吞噬我们的心灵。要想改变这种状况，我们首先要拥有积极的态度，因而态度从某种程度上决定了气场的性质，积极的态度就形成积极的气场，而消极的态度就形成消极的气场。尤其是气场形成之后，如果我们始终坚持积极的态度，那么我们的气场就会变得更加强大，也在人生中起到正向的作用。相反，假如我们的态度非常消极，那么气场就会从积极转为消极，或者从消极变得更加消极，最终导致我们的人生也阴云密布，永远不可能洒满阳光。

很久以前，有个老太太整日愁眉不展，有的时候还会因为忧伤而哭起来。村里人都感到很纳闷，大家都觉得到了老太太这个年纪，儿女都已经长大成人，原本是该安享晚年的，因而怎么也想不通老太太为何哭泣。

有一天，村子里来了一位云游四方的得道高僧。看到老太太坐在家门口忧心忡忡的样子，得道高僧问老太太："老人家，今天太阳这么好，照在身上暖洋洋的，你为什么这么伤心呢？"老太太看了看得道高僧，说："出家人，我的大女儿是卖雨伞的，出太阳的日子，她就没生意可做了，我当然担心她啦。"次日，天上下起了雨，得道高僧看到老太太还在哭泣，又问："老人家，今天下雨了，您的大女儿有好生意，您怎么还伤心呢？"老太太说："我的小女儿是开染坊的，一旦遇到阴天下雨，小女儿就没法晒布了，所以我很担心小女儿。"得道高僧听到老太太的话，不由得哑然失笑："您如果这么想，什么时候才能笑起来呢？"得道高僧想了想，说，"以后，您要改变想法。您想啊，出太阳的时候，您的小女儿生意好，遇到刮风下雨的天气，您的大女儿生意好。这样一来，不管是晴天还是雨天，您的女儿们都有钱可赚，这岂不是好事情吗！"听了得道高僧的话，老太太恍然大悟，不由得破涕为笑。

如果不是得到得道高僧的劝说，老太太还不知道要忧愁到什么时候呢。因为消极的人生态度，她晴天担心大女儿的伞卖不出去，阴天担心小女儿的染坊生意不好，因而导致终日忧愁苦闷，人生之中再也没有了快乐欣慰。幸好，得道高僧及时点化她，告诉她要采取积极的态度看待晴天和雨天，这样她才能转化思路，也重新找回了快乐。

从本质上说，老太太的生活根本没有太大的改变。她之所以从忧愁变得快乐，只是因为她的心境改变了，她对待天气的态度变得积极了，所以她才能拥有积极的气场，也才能彻底改变生活的面貌，让自己变得快乐和幸福起来。

生活总是这样琐碎，而且不尽如人意。生活一向不是完美的，如果我们再消极悲观地对待生活，那么可想而知我们的人生将会多么晦暗。既然生活不能改变，我们唯有改变自己对待人生的态度，从消极变得积极，从而改变自己的气场，也扭转自己的命运。正如一位名人所说，这个世界上并不缺少美，缺少的只是发现美的眼睛。同样的道理，这个世界上并不缺少幸福快乐，缺少的只是发现和创造幸福快乐的心灵。当我们拥有明媚的眼睛，看到整个世界都充满光明，那么我们的人生就会阳光明媚。相反，如果我们的眼睛看到的都是世界使人不快的一面，感受到的也是消极悲观的情绪，那么我们的人生就会阴云密布。在现实生活和工作中，我们不应该更多地从外界寻找原因，而应该认真思考我们的生活到底哪里产生问题了，所以才会变得不对劲。

古人云，一日三省吾身，当然作为普通人，我们未必能够做到时时刻刻反省自己。然而，在一定的时间段里反省自己，或者是在遇到难题时反省自己，还是很有必要的。每个人都是这个世界上独一无二的个体，每个人的人生都是不可复制和模仿的。所以真正成功的人生是活出自己的精彩，而不是一味地羡慕他人，更不是被客观外界的一切牵着鼻子走，导致人生变得被动。朋友们，从现在开始就积极地改变自己的气场吧，先从改变态度开始。今天，你积极面对人生了吗？

# 第 6 章　热情洋溢的你，气场也积极向上

一个人也许会有一时的好运气，但却不会有一生一世的好运气。所以每个人要想主宰自己的命运，获得成功的人生，一定要有内在的强大精神作为支撑，这样才能走过人生中不期而至的风雨和坎坷泥泞，也才能拥有强大的气场扭转命运的局势。既然如此，我们就要打造自己强大的内心精神世界，从而让自己的气场积极正向，给生命带来不一样的惊喜与收获。

## 热忱，让你的气场与众不同

每个生命都是这个世界上独一无二的个体，每个生命的人生经历也都是截然不同的。新生儿从呱呱坠地开始，就形成自己的生命格局，随着不断的成长，不同的家庭环境、教育背景以及所经历的磨难等，都使人的气场不断地发展变化，最终各具特色。毋庸置疑，人人都想拥有积极正向的气场，然而很多时候造化弄人，命运并不会朝着我们所期望的方向发展。这种情况下，与其沮丧地放弃命运，不如鼓起勇气满怀信心地面对命运，也许当我们构建自己的精神家园，曾经遭受的一切挫折磨难，都会成为生

命对我们最为慷慨的馈赠。

作为举世闻名的成功学大师，卡耐基曾经给予很多人关于成功的指导。然而，卡耐基并非是上帝，而是寻常人，因而他也需要不断提升自己的气场，让自己在生命中永葆热忱，从而才能把自己的强大气场发挥出能量，影响他人，也成就他人。作为成功学大师，卡耐基也有座右铭——有信仰的人永远年轻，对生命感到疑惑就会走入老迈；有自信的人永远年轻，对生命产生畏惧就会走入老迈；有希望的人永远年轻，对生命感到绝望的人就会走入老迈；哪怕岁月让你满目沧桑，只要你的心中始终怀着热忱，你的灵魂就不会受伤。巧合的是，麦克阿瑟将军在“二战”时期，曾经在南太平洋上指挥盟军，也在办公室的墙壁上挂着这段座右铭。从这两位伟大人物对热忱的钟爱来看，热忱对于人的生命绝非是可有可无的。相反，热忱是气场的灵魂所在，一个人要想拥有强大气场，就必须发挥热忱的强大作用，从而促使自己在做人生中的每件事情时都满怀热情，也充满激情。

有史以来，那些有所成就的大人物，无一不是充满热情的人。他们热爱生命，热爱自己，也热爱身边的人和手里的工作。热忱能够为人们提供强大的能量，激发人的潜能，也最终促使人做出伟大的举动。也可以说，热忱是所有人获得成功的必备条件，每个人都有自己的气场，哪怕气场原本很弱，只要有热忱作为底蕴，就会变得强大起来，也会帮助人们获得梦寐以求的成功。因而朋友们，不要再抱怨命运亏待你，而要反思自身是否在生命中投入了足够的热忱。当你的热忱甚至能够感动自己，那么你就要有信心，你的热忱也会感动他人。

很多爱美的女士都对雅诗兰黛的化妆品情有独钟，的确，作为全球知名品牌的创始人，多年以来，雅诗兰黛始终位列各种权威财富杂志的榜首，也创造了一个财富的神话。

实际上，雅诗兰黛之所以能够成为“化妆品工业皇后”，不是因为她具有眼光，也不是因为她有着强大的背景，而是因为她对于工作的热忱。从最基层的销售员干起，雅诗兰黛始终保持旺盛的工作热情，最终成功创办雅诗兰黛公司，并且开创性地发明了新的推销方法，最终成功占领了化妆品市场巨大的份额，成为化妆品行业的佼佼者。

很多人在看到他人的成功时，总会觉得他人是因为拥有好运气，所以才能创造伟大的事业。殊不知，好运气只是帮助你暂时获得成功，而能够让你真正成功的，是热忱。据说雅诗兰黛创业初期每天都要怀着饱满的热情工作长达十几个小时，这是很多人都根本做不到的。不得不说，雅诗兰黛的热忱使人敬佩，也难怪她会取得如此令人刮目相看的成就。

如果不是因为满怀热忱，雅诗兰黛在创业初期饱尝各种艰辛的时候，也许就会打起退堂鼓。然而，她有着莫大的勇气，也拥有聪明和智慧，所以才会从最基层的推销员做起，直到成功创办自己的化妆品王国。

实际上，人不管做什么事情，都应该满怀热忱。假如一个人对生活失去热忱，毫无激情，那么他的人生一定会枯燥乏味，没有任何乐趣可言。哪怕是对于工作，如果一个人毫无热忱，那么工作的效率也会大大降低。尤其是在社会交往中，人们对于缺乏情趣和热忱的人总是敬而远之，毕竟谁也不愿意和一个面无表情的人侃侃而谈。认识到这一点，朋友们，如果你们想要拥有强大的气场，就让自己先充满热忱吧。归根结底，热忱是人生最重要的精神，也是最必不可少的温度。不管你是想追求幸福，还是想追求成功，唯有拥有热忱，持之以恒，你才能距离自己想要的一切越来越近。

## 精神的高度，决定了气场的高度

每个人精神的家园，是他们气场的沃土。如果一个人没有强大的精神世界，根本不可能拥有强大的气场，更不可能拥有高昂的气场。也许有些朋友会问，气场还会有高度吗？当然，就像人的品质有高低之分，人的性格也有一定的区别，气场的高度往往是由精神高度决定的，因而我们必须首先提升自己的思想意识和境界，让自己的精神具有一定的高度，才能不断地提升气场的高度，也让自己变得出类拔萃，与众不同。

很多人都羡慕成功者的一往无前，也敬佩他人的勇往直前，殊不知，不管是高尚者还是卑微者，都有自身的独特气场，并且会给他人留下深刻的印象。尤其是感觉敏锐的朋友，更是会在与他人初次见面时，就感受到他人的气场。如果觉得彼此的气场是相容的，那么当然能够为未来的发展奠定良好的基础，而如果觉得彼此的气场是相互排斥的，那么接下来的交往一定会磕磕绊绊，甚至会不欢而散。

一个人的精神态度，往往决定了他的精神气场。因而我们每个人都要努力培养自己的气场，使其成为自己最好的精神名片。然而，一个人的精神态度是非常复杂的，包括这个人多年来的成长给他带来的影响，包括他的家庭环境、成长背景、教育经历，以及他在人生中经历的一切琐碎的事情和感受。所以说，精神态度是非常复杂的精神状态，而大多数人的精神态度都软弱乏力，这导致他们的精神气场也缺乏力量。从这个角度而言，我们首先要构建自己的精神态度，为精神气场的形成创造便利的条件，也奠定基础。细心的朋友会发现，很多强者的精神气场是非常强大的，这是因为他们有着强烈的欲望、情绪以及超强的领导力，这使他们在行走人生的时候从不犹豫不决，而是坚定不移地勇往直前。在强者身边的人，也总是被他们的气场所影响，并且情不自禁地改变自己，作为对强者强大精神气场的回应。

当然，除了构建精神态度之外，我们还要提高自身的精神高度。很多人非常自卑胆怯，哪怕遇到小小的困难，也会马上萌生退意，而丝毫不敢向命运叫板，这样的人，精神态度当然是软弱的。相比之下，有些人精神态度很强大，他们不管在人生之中面对怎样的窘境，都能当机立断做出回应。诸如《战狼2》中的吴京，就是因为强大的精神态度，最终形成了不可战胜的强大精神气场，也成功地带领那些华侨撤离了战乱的国家。尤其是当周围的人都对吴京饰演的角色表现出极度的信任，和毫不迟疑的肯定与支持时，吴京饰演的角色因而拥有了更强大的精神气场。由此可见，精神高度对于气场的影响除了直接的影响之外，还能对周围的人产生强烈的吸引力，因而得到周围人的认可和支持，这又反过来增强了精神气场的能量。从而，在精神态度强烈的人身边，一切的能量会进入良性循环状态。

与此相反，假如一个人胆小怯懦，总是怀疑和否定自己，那么连他们自己都不相信自己，又如何赢得他人的信任和支持呢！一个精神强大的人，必然有着热忱与激情，也必然拥有不同寻常的自信。所以他们的精神高度才会不断拔高，他们也才能在气场的支持下，成为真正不可战胜的人生强者。

自古以来，有很多伟大的人物，都拥有极高的精神态度。例如，司马迁遭受宫刑之后，在狱中坚持完成了《史记》，被后人赞赏为“史家之绝唱”，他就是一个有着精神高度和强大气场的人。再如，曹雪芹从小家境优渥，锦衣玉食，因而得到了良好的教育。后来却因为家道中落，落魄到食不果腹的地步。正所谓由俭入奢易，由奢入俭难，而曹雪芹却能够战胜生活的艰难，坚持写作，最终创作了四大经典名著之一《红楼梦》。再看看西方国家，美国前总统林肯在成功当选总统之前，遭遇了无数次失败和人生中最沉痛的打击，这一切都没有让他放弃人生的希望，而是鼓起勇气站起来，继续努力，再接再厉。同样作为美国前总统的罗斯福，在正当年的时候因为突如其来的疾病，不得不坐在轮椅上度过下半生，但是即便如此，他依然勇敢地竞选总统，从不因为身体的残疾看轻自己。必须说，这些人都是有着精神高度的人，所以他们才能在人生中坚持奋进，赢得属于自己的成功。

试想，人生原本就充满了艰难困苦，更有很多人遭受命运的重重磨难，如果没有强大的精神作为支撑，他们如何能够熬过最艰难的岁月，从而成就自己呢？我们必须记住，一个人也许会暂时拥有好运气，但是不会永远拥有好运气。人生的成功不能靠着暂时的侥幸，而要靠着脚踏实地的付出和努力。打个比方来说，对于任何人而言，要想获得成功，就必须先建立好成功的根基，那就是精神。所谓万丈高楼平地起，如果没有精神作为人生的支撑和框架，这高楼只怕并不能矗立不倒。尤其是内在的精神还决定了气场是否强大，因而朋友们，如果你们想竭尽所能改变自己的气场，增强自己的气场，那就要提升自己的内在精神，抓住各种机会磨炼自己的顽强意志，也使自己变得越来越强大起来。

很多人喜欢西方的文学，那么一定对经典名著《简·爱》影响深刻。在这部作品中，塑造了拥有精神高度和强大气场的家庭女教师简·爱。实际上，简·爱既没有显赫的家世，也没有美丽的容貌，但是就因为她虽然地位低下却绝不弃自轻自贱，虽然身份卑微却坚持自尊自爱、自信独立，所以她才能最终赢得富裕的男主人罗彻斯特的爱。而且，罗彻斯特对于简·爱的爱还很深沉，绝不单纯与单薄。罗彻斯特敬畏简·爱，也尊重简·爱，更深深地爱着简·爱。由此可见，强大的精神气场，可以弥补一个人容貌上的不足，也可以提升一个人的身份和地位，那么朋友们，你们可曾因为自己貌不惊人或者身份卑微而感到自卑呢？如果你们此时此刻还没有达到一定的精神高度，更没有强大的精神气场，那么就从现在开始努力提升自己的内在精神力量吧。记住，你是这个世界上独一无二的存在，也要记住，哪怕你不是最优秀的，也依然没有人可以取代你的存在。也许我们可以贫穷得一无所有，但是当我们拥有自己的精神家园，我们就是这个世界上最富有的人！

## 坚韧不拔，才能柳暗花明又一村

正所谓人生不如意十之八九，每个人在人生中都会遭遇各种各样的困境，而面对困境的态度恰恰使每个人的人生有了截然不同的发展。曾经有心理学家经过研究发现，大多数人的天赋其实相差无几，而之所以人们后来的命运迥然相异，就是因为他们对待人生厄运的态度截然不同。记得曾经有位名人说，对于弱者而言，苦难是人生的障碍，而对于强者而言，苦难是帮助他们提升自己的阶梯。面对苦难，你是要做弱者，还是要成为强者呢？相信大多数人都会明智地选择后者，然而从选择到落实，还有漫长的道路需要走完。

命运是无常的，很多时候，命运并不会按照我们预期的那样发展，而是会与我们开一些残酷的玩笑，诸如让我们突然遭遇意外的打击，再如让我们面对着横亘在面前的困难觉得无计可施，束手无策。然而归根结底，逃避都不能解决问题，唯有勇敢地面对，决不放弃地坚守，我们才能以顽强不屈的精神和毅力，最终迎来柳暗花明又一村。

不得不说，坚韧是人类的精神家园中最强大的力量。在坚韧的支撑下，我们的精神气场得以更好的发展和维系，并且不断变得强大，变得不可战胜，变得无坚不摧。在自然界中，有一种动物的身上也有坚韧的品质，那就是狼。提起狼，大多数人马上就会想起狗，因为狼与狗实在是太像了。其实，和森林之王老虎、狮子，甚至是和猎豹相比，狼的身体条件非常普通，毫无过人之处。的身躯不够强壮，他的牙齿和大多数食肉动物一样。然而，狼的生命力却是最顽强的。它以并不出色的先天条件，顽强地生存在恶劣的大自然中，不但要面对人类的肆意捕杀，而且还要与各种天敌不断地周旋与斗争。可以说，狼之所以能够生存下来，就是因为它是坚韧不拔的，也是绝不屈服的。所以在如今的企业管理者中，很多管理者都以狼自居，或者以狼来激励自己的团队拥有顽强的生命力，也激励团队像狼群紧密团结，齐心协力地生存下来。

一只狼在森林里四处捕食，它饥肠辘辘，饿得前胸贴后背，却始终没有找到食物。正在此时，它突然嗅到食物的气息，饿极了的它忘记了危险，马上猛扑过去。然而，等待着它的是猎人的陷阱，这个陷阱又大又深，把狼摔得浑身就像散了架一样疼痛不堪。狼惨叫声不断，然而它很快意识到惨叫并不能解决问题，万一猎人循声而来，那么它就死定了。为此，它忍住疼痛，决定依靠自己摆脱困境。

这只狼开始挖掘陷阱的边缘，它很清楚，这可不是三下五除二就能干好的工程，为此它做好了坚持不懈的准备。它不停地用前爪刨土，几乎已经用尽了全身的力气。很快，它的前爪就流血了，甚至在又挖了一段时间之后，还露出了骨头。它感到锥心的疼，它依然不愿意放弃。它的前爪渐渐麻木，甚至感觉不到疼痛。它告诉自己：我不能被永远地困在这里，我必须出去。就这样，狼整整一夜都在挖掘陷阱的边缘，最终它累得筋疲力尽，浑身血肉模糊。但是它从陷阱中走出来了，它终于重获自由，这是比任何事情都更重要的。

如果狼放弃了，那么它最终会被赶来的猎人杀死在陷阱中，再也无法逃出去。幸好狼没有放弃，而是始终坚韧不拔地为自己开掘生路。其实，不仅是狼在生存中会面临困境，人在人生中也同样会面临困境，甚至是绝境。很多软弱的人在困境之中想到的第一件事就是放弃，他们绝不尝试和努力，而是一味地退缩。也因此，他们永远地被困于困境，更因为这一次的放弃，而导致在未来也无法突破人生的局限，从而获得更加光明的前景。没错，气场的力量随着放弃的次数越来越多，会渐渐地减弱。与此相反，在面对人生的困境和绝境时，如果我们能够迎难而上，想方设法改变局面，那么就能突破自身的局限，使自己获得质的飞越。与此同时，我们的气场也会随着精神的提升而不断增强，最终爆发出强大的力量，甚至影响我们的命运，决定我们的人生。

古人云，山穷水尽疑无路，柳暗花明又一村，实际上就是在告诉我们要坚持。唯有坚韧不拔，才能守得云开见月明，才能迎来人生的好时候，也才能让人生绽放华彩。很多时候，我们羡慕成功者，觉得他们是拥有好运气才如此幸运。其实，成功从来不是一蹴而就的，更不是平白无故从天而降的。只有坚持不懈、决不放弃的人，才能在绝境中实现绝地反击，也才能最终获得成功的青睐。反之，那些在绝境中轻易放弃，对着命运缴械投降的人，永远也不可能获得成功，因为他们没有资格获得成功。享誉世界的英国前首相撒切尔夫人曾经说过，你不可能只靠一次胜利就获得成功，因为成功之路注定艰苦卓绝，而且非常漫长。也有人曾经说过，一个人难的不是做一件好事，而是一辈子都做好事。所以要想成为人生的强者，朋友们，你们一定要鼓起勇气在人生的道路上勇往直前，绝不退缩。当你以坚韧不拔的心一次又一次与命运抗争，你们就会变得更加强大，坚不可摧，也战无不胜。

## 坚决果断，你的气场充满魅力

现实生活中，总有些人不管做人还是做事情，都拖泥带水的，无法在第一时间就做出决断。他们美其名曰未雨绸缪，实际上因为思虑过多，他们已经不知不觉变成了瞻前顾后、杞人忧天。要知道，没有任何人能够在事情真正发生之前就规避一切的风险，所以哪怕无法预知未来，我们在深思熟虑之后也依然要当机立断展开行动。尤其是很多机会对于人生而言都是千载难逢的，在这种情况下，我们更不能过于犹豫，否则一旦错失良机，就再也追悔莫及。

性格坚决果断的人，往往能够增强自己的气场，使自己对他人产生强烈的吸引力。他们很有领导者的风范，该当机立断的时候绝不裹足不前，他们的气场甚至能够控制他人的气场，从而对他人产生震慑力。这样的人往往天生就具有领导才能，他们强大的精神气场散发的力量使人无法抗拒，甚至使人忠心耿耿地追随他们。因而朋友们，如果想要增强自己的气场，除了从各个方面提升自己之外，还要培养自己的决断力，从而让自己坚决果断，充满魅力。

还记得看过一部影片，据说是根据真实的事件改编的。一个球队乘坐飞机去其他国家参加比赛，然而在飞越雪山的时候，不小心撞到雪山的山峰，因而导致飞机失事，坠落在雪山的崇山峻岭之间。飞机失事时，有一部分人已经丧命了，而幸存者一开始满怀信心，觉得搜救队一定能够找到他们。因而，他们躲在飞机的机舱里取暖，保持体温，然而飞机上的生活物资有限，很快他们没有水，没有食物，心中也渐渐失去信心，觉得自己再也不会被找到和发现了。

后来，这些幸存者中有一个人站出来，告诉大家必须想方设法活下去。为此，他还提出要吃那些死去的人的肉，以维持生命。对于这个提议，大多数人都表示反对，因为他们迈不过心中的那道坎。然而，次日清晨，这个领头人物就开始用刀割掉死者的肉，并且率先带头吃下去。其他人在生存危机下，也只好模仿他的样子去做。然而，等待使人感到绝望，他们渐渐失去生还的信心。这时候，领头人物又站出来，决定和其他两个身强体壮者走出绵延的雪山，出去寻求救援。大多人都以为他们一定疯了，但是在领头人物的带领下，这三个人开始展开行动。第一次寻求救援的行动以失败告终，他们没有气馁，而是继续努力，在做好准备之后又开始了第二次寻求救援的行动。这次，他们成功了。他们走了不知道多远，终于来到了有人烟的地方，也成功地挽救了依然留在原地等待的那些幸存者的生命。

所谓领导者，也许在平时的日子里只是充当管理者的角色，而一旦遇到危急时刻，他们马上会成为团队中的领军人物和灵魂所在。他们向大家发出号召，也对大家形成极强的吸引力和影响力。这种力量虽然看不到也摸不着，但是却能让人实实在在地感受到，并且因为这样的力量而心甘情愿接受领导者的领导。实际上，领导者之所以具备这种看似神奇的力量，就是因为他们的气场在发挥作用。他的性格坚决果断，他的气场强大无比，所以他的一言一行，每一个号令，都会得到其他人的坚决拥护。

古今中外，大多数成功者，尤其是那些领袖人物，都有着非同寻常的决断能力。他们生在乱世，越是面对危机的情况，越是能够承担起艰巨的任务和责任，从而迅速果断地做出选择。他们明知道自己的选择有可能失败，却从不瞻前顾后，而是勇往直前，无怨无悔。他们之所以能够创造奇迹，与他们的坚决果断是密不可分的。

无数成功人士成功的经验告诉我们，如果一个人徘徊不定，那么他最终会失去所有的机会，根本不可能获得成功。当然，生活中还有些人明明已经做出决定，却在听到他人的不同意见之后，马上就动摇了，因而迟疑不决，举棋不定，就像选择困难症患者一样害怕面对选择，又像灵敏的风向标一样哪怕有任何风吹草动，他们都惶恐不安。不得不说，这样的人性格软弱怯懦，也没有自己的主见，因而注定了将会一事无成。需要注意的是，他们的犹豫与事情的大小之间并没有必然的联系，哪怕是面对不值一提的小事情，他们也会感到犹豫不决。

在西方国家，坚决果断的精神代表，就是恺撒大帝。他就像神一样的存在，之所以能够创造奇迹，是因为他坚韧不拔，坚决果断，绝不后悔。当然，恺撒大帝并非是莽夫，他很善于听取和采纳他人的意见，也会经过自己的深思熟虑再做出决定。然而，决定一经作出，他就决不再动摇和改变，因而他的决定都会得到很好的贯彻和执行，也最终全都落到实处。作为普通人，我们同样要坚决果断，以此增强自己的精神气场。当然，没有任何人能够保证自己的每个选择和决定都是完全正确的，尤其是在做决定之初，难免会因为经验不足或者操作失误而导致事与愿违。没关系，这一切都是必需的经历。随着犯错误的次数越来越多，相信每个人都会不断地成长，最终成为有勇气、有魄力、有决断力的强者。

## 虚怀若谷的人，气场更辽阔

人们常常用心眼比针尖还小，来形容那些心思狭隘、斤斤计较的人。而且，往往心思狭隘的人还总是自高自大，自以为是。殊不知，人外有人，天外有天，没有任何一个人能够始终处于金字塔的顶端，怕就怕有的人只爬到了半山腰，却觉得自己已经一览众山小。一个人要想进步，不断提升和完善自己，就要虚怀若谷，谦虚，不自满，才能不断地学习他人，也获得进步。现实生活中，那些爱表现并且总自以为是的人，往往没有好的发展，而保持谦虚低调、勤奋好学的人，则能够不断地进步，持续地发展，因而让自己不断攀登人生的高峰，也获得强大的气场。

尤其是在人际交往中，谦虚的人表现出高尚的品质，也低调谦和，因而广受欢迎。这是因为他们的气场也同样具有包容的特点，因而能够与很多人的气场相容，相和谐。随着身边的朋友越来越多，他们不但拥有好人缘，也拥有了更多学习的机会。很多人都听说过“虚怀若谷”这个词语。这个词语告诉我们，一个人的胸怀应该和山谷一样，以怀抱的姿态接纳外界。这个词语把谦虚谦逊描述得准确到位，有了这种心胸也让我们的气场变得更强大，更包容，从而有足够的空间吸引更多的积极能量。相反，一个人如果总是骄傲自满，自以为是，那么他们当然就无法接纳其他任何东西，而眼睛里也只能看到自己。这样一来，他们会觉得自己就是宇宙的中心，因而狂妄自大，目中无人，导致自己的气场也变得越来越自负，越来越排斥其他的能量。

记得曾经有人做过一个实验，即在杯子装入满满的石子，然后装入细沙，然后再装入水。原本，人们觉得杯子里装满石子之后就已经无法容纳任何其他的东西了，但是杯子里还能装入细沙，还能装入水，这恰恰意味着杯子还有很多的空间，还可以容纳不同形态的物质。这样一来，杯子自然实现了虚怀若谷，也让自己拥有更多，接纳更多。做人也应该如此，千万不要一开始就把自己变成注满水的杯子，否则就会无法容纳其他的任何东西。常言道，天外有天，人外有人，哪怕一个人再优秀，也不可能是绝对完美的。每个都有很大的提升空间，唯有保持谦虚的心态，才能不断提升和完善自己。

需要注意的是，谦虚和没有主见是完全不同的。谦虚的人虽然努力学习，提升自己，但是他们总是有选择地学习，而不是不分青红皂白也不区分好坏，就把所有事情都一股脑装进自己的脑子里。他们实际上很有主见，学习也有明确的目标，有针对性。这样一来，他们才能不断进步，也才能放开内心的束缚，针对事情的具体情况做出自己的分析和判断，也采取实事求是的态度从事情的真实状况出发，做出最好的选择和安排。他们哪怕取得一定的成就，也绝不骄傲，即使身居高位，也不会在他人的阿谀奉承中迷失自我。他们很清楚自己的分量，也不会以外貌决定是否尊重他人。他们既自尊，也尊重他人，因而与他人相处和谐。总而言之，他们把自己的心态调理得很好，绝不盲目自卑，也不盲目骄傲，而是从容坦然，走好人生的每一步路。

美国前总统杰斐逊的父亲曾经是一名上将，母亲也出身名门，因而杰斐逊是不折不扣的贵族。在当时，贵族的社会阶层很高，大多数贵族除了对百姓颐指气使下达命令之外，几乎很少和普通老百姓有什么交集。贵族从心底里看不起老百姓，但是，杰斐逊却与其他的贵族不同。他总是主动接近老百姓，而且从不拒绝与任何社会阶层的人相处。

杰斐逊有很多朋友，他的朋友之中既有与他同一阶层的贵族，也有社会底层的劳苦大众，诸如仆人、工人、农民等，尽管身份卑微，却都是杰斐逊的好朋友。杰斐逊很清楚，这些普通人尽管是平民百姓，但是他们每个人都有自己的优点和长处，因为他很虚心地向他们求教，也主动学习他们的长处。

有一次，杰斐逊与法国的领袖人物拉法叶特说："你如果能向我学习，经常去社会底层了解老百姓的生活，亲身融入和体验他们的生活，你才知道如何开展法国革命，也才能真正解决老百姓的不满。"毫无疑问，杰斐逊之所以能够成功当选美国第三届总统，与他关心百姓疾苦、虚心向百姓求教是分不开的。

高处不胜寒，尤其作为领导者，必须关心每一个社会阶层的人生活的现状以及对人生的不满，这样领导者才能了解民生疾苦，也才能有的放矢带领整个国家和所有的百姓都奔向美好的生活。不管是对于伟大的人物、成功者还是对于普通人而言，谦逊都是难能可贵的品质，也是非常积极的特质。很多时候，高压政策只会导致他人的排斥和抗拒，甚至引起他人的反抗，唯有以谦虚低调的姿态更好地了解他人、理解他人，甚至是求教他人，我们才能得到他人的善待。

一个谦逊的人，必然能够认真聆听他人的倾诉，也虚心接纳他人的否定意见和批评的态度。他们在采纳他人意见的基础上，进行深刻的自我反省，从而不断地调整自身的状态，也以更积极的态度与他人相处。因而我们说，谦虚的人总是虚怀若谷，他们谦虚的心如同空荡荡的山谷一样，无时无刻不在做好准备迎接那些充实而又有效的知识，以及他人善意的观点和意见。既然谦逊对于我们如此重要，那么不管我们的身份地位如何，也不管我们在生活和职场上扮演怎样的角色，从现在开始，就让我们常怀空杯心态，努力地充实自己吧！

# 第7章　远离负面气场，人生积极正向充满正能量

培养气场是一个持续的过程，不但要从前文所述的多个方面进行努力，更要有意识地远离负能量，才能避免气场因为受到负能量的影响，变得消极。当然，与此同时，还要积极地吸取正能量，才能不断增强气场。那么，日常生活中有哪些常见的负能量呢？总有些人表现得焦虑不安，否定自己，怀疑他人，甚至对人生失去希望和信心，毋庸置疑，这些都是消极的负能量。还有些人，哪怕面对人生的坎坷逆境也依然能积极向上，奋发努力，他们愿意相信他人，也竭尽全力想要提升自己，这就是人生的正能量。总而言之，一切让人生进步的优秀品质和积极心态，都辐射出正能量，而一切使人消极沮丧，持续退步的悲观心态，都辐射出负能量。在人际交往中，人们也更愿意与正能量的人相处，从而吸取正能量，而远离那些移动的负能量团，从而避免自己也受到负面影响。

## 积极暗示自己，气场更强大

曾经有一位心理学家在一所学校进行过关于暗示的心理学实验。这个心理学家把老师和同学们都当成自己的实验对象，他告诉极少数同学和老

师，这些同学天赋异禀，未来一定会大有作为。然后又告诉大多数同学和老师，这些同学天资愚笨，哪怕非常努力，也未必能够取得好的发展。后来，在一段时间里，心理学家始终对这些老师和同学进行追踪调查，直到实验结束，他惊讶地发现，那些被预言会大有作为的同学，居然真的在学习的各个方面都得到了大幅度提升，老师也证实他们的确能力突出，在学习上尤其有天赋。而那些被预言哪怕努力也不可能取得好的发展的同学，则都出现了不同程度的退步，甚至老师也觉得他们朽木不可雕，而放弃着重培养他们。心理学家不由得暗暗惊叹暗示的力量，要知道，这两组同学只是他随机抽取的，根本不像他所说的那样有天赋，或者天资愚笨。而老师和同学们却无一例外都受到影响，也导致这两组的同学在学习上的表现呈现出分水岭的状态。

从这个实验我们不难看出，一个人哪怕厄运连连，但是如果被他人暗示即将交上好运，厄运将会一去不返，那么他们就会从沮丧变得振奋，从消极变得积极。也许他们最终真的会有好运气，然而这份好运气不是从天而降的，而是他们的态度改变之后才得到的。所以这样的好运并非是他们所想的那样“转运”，而绝大程度上都是他们积极努力，坚持奋斗的结果。由此，我们说是心态改变命运，而不是所谓的运气决定人生。与此相反，如果一个人一切都很顺利，但是突然被他人说成最近要有霉运当头，那么他们未免心生担忧，也因此而心神涣散，根本无法集中所有精力把每件事情都做好。尤其是对于相信命运的人而言，一旦得到负面的预言，他们甚至会放弃努力，甚至变得消沉低落。接下来，他们因为自身的心态原因，也许真的会倒霉，但是他们却理解为是预言应验了，也更加相信他们哪怕再努力也躲不过命中注定的灾祸。实际上，这同样是心态导致的，而并非命运在冥冥之中真的有一只大手在安排着一切。从这样截然相反的人生来看，心理暗示的作用非常强大，也的确会对人起到一定的影响。因而朋友们，要想改变自身的气场，一定要最对自己进行积极的心理暗示，从而让自己受到积极的影响和作用，也形成努力奋进的心态。

从这个角度而言，人其实是可以改变命运的。其实，命运只是曾经懵懂无知的人们对无力改变的一切事情和现象找出来的借口而已。作为新时代的年轻人，我们更要信奉心态决定一切，从而让自己积极地改变命运，打造强大的气场，形成人生中不可战胜的力量。从本质上而言，人们正是因为受到暗示，心态改变，命运才会随之发生相应的改变。而如果我们把这个顺序颠倒过来，先确定自己想要怎样的命运，然后进行积极的心理暗示，从而让自己形成有助于梦想成真的心态，那么我们的人生就会截然不同。所以说不要再相信所谓的命理学，因为命理学的本质是通过给人暗示，从而影响人的心态，最终影响人的命运。要成为人生的强者，我们就要彻底颠覆命理学，从而掌控自身的命运。

毫无疑问，人人都希望拥有好的命运，那么就要调整心态，从现在开始给予自己积极的心理暗示。尤其不要相信那些所谓权威说出来的话，而要相信自己就是命运的主宰者，就是人生的掌舵手，要亲自操控人生的一切可能。

在美国一所知名大学，心理学教授正在给学生们上课。这次课程，教授还带来了特约嘉宾，他郑重其事地向同学们介绍：“这是卡文博士，是世界上最伟大的化学家。”卡文博士在和同学们相互问好，从随身带着的公文包里取出一个玻璃瓶。这个玻璃瓶里装满了液体，他告诉同学们：“这种物质是我最新研究出来的，它具有超强的挥发性。如果我打开瓶盖，它马上就会挥发到教室里，不过同学们无须担心，这种物质是完全无害的，而且它的气味比较微弱。我马上就会打开瓶盖，闻到气味的同学，请举手向我示意。”

话音刚落，卡文博士就打开瓶盖，很快，同学们就陆陆续续地举起手来，示意博士他们已经闻到了液体挥发的气味。最终，所有同学都举起了手，然而，心理学教授告诉同学们：“这位是我的好朋友，是另外一所大学的外教老师，根本不是所谓世界知名的化学家。而且，他的瓶子里装着的只是蒸馏水而已，不但无色，而且没有任何味道。”听到心理学教授的话，同学们全都惊讶不已，甚至有同学坚持说自己真的闻到了味道。

实际上，同学们之所以编瞎话，是因为他们首先受到心理学教授的暗示，从内心里认定这位外籍教授就是举世闻名的化学家。其次，他们又受到外籍教授的暗示，从而轻信外籍教授的话，相信瓶子里的液体是最新的、有挥发气味的化学物质。最终，他们自己也暗示自己闻到了化学物质的味道，最终闹出了这个令人啼笑皆非的笑话。实际上，这种现象在心理学上很常见，那就是心理暗示。心理暗示既可能来自于外界，也可能来自于自己。当然，心理暗示也有积极的暗示和消极的暗示之分。要想增强自己的气场，我们就要对自己进行积极的心理暗示，从而给予自己更强的力量。

不得不说，心理暗示的现象非常奇妙，而且作用强大。从本质上而言，心理暗示更像是一种对自己的启示和指令，它最终会影响我们的意识和潜意识，尤其是对潜意识的影响很大。心理学研究显示，积极的自我暗示会激发人的潜能，使人变得乐观开朗、坚强自信。很多细心的朋友会发现，在心情不好的时候，如果我们假装微笑，那么潜意识就会受到影响，心情也会真的渐渐好转。

每个人在人生之中都会受到一定的暗示，其中既有积极的暗示，也有消极的暗示。为了让人生保持昂扬的姿态，对于那些给予我们消极心理暗示的人，我们要远离他们，而在进行自我暗示时，我们也要尽量给予自己积极的心理暗示。这样一来，我们不管是从外界还是从自身，得到的都是积极的暗示和巨大的力量，我们的气场当然也会越来越强大。

## 修补人生短板，气场发挥无障碍

在心理学上，有一个著名的理论，叫作木桶理论。木桶理论告诉我们，一只木桶能够容纳多少水，并非取决于这只木桶最长的那块板，而是取决于这只木桶最短的那块板。当然，我们日常生活中常见的木桶，只要是完好无损的木桶，它的每块板都是同样长短的，这也就是决定了木桶的容量是固定的。然而，人生也和木桶一样有长板有短板，而且不会像正常的木桶一样保证每块板都是相同的长短。所以木桶理论并非只适用于木桶，而是从某种意义上更适用于人生。

如今，很多人都感到非常困惑，觉得自己并无一技之长，因而在社会上激烈的竞争中缺乏竞争力。实际上，一个人要想在社会上站稳脚跟，有自己的长处和优势，就要拥有核心竞争力。所谓核心竞争力，就是每个人区别于他人的优点和特长。显而易见，核心竞争力要从发挥人生的长板入手，这样才能事半功倍。也因此，有人提出不要过于在意人生的短板，更不要试图把人生的短板变成长板，否则一定是徒劳无功的。这样的说法是有一定道理的，因为短板很难变成长板，与其花费漫长的时间补足短板，还不如用更多的时间发展长板。

然而，从另一个角度来看，短板尽管不能变成人生的核心竞争力，但是当短板太短，自然会限制人生的发展，使得人生的发展事倍功半。在这种情况下，要想让人生的发展更顺畅，不会被短板拖累，就要尽量弥补人生的短板。哪怕短板不能变成长板，至少也要让短板发挥正常的作用，不至于局限人生。

作为一名初中生，林丹除了数学之外，每个学科都学得很好。如果是在高中阶段，她尚且可以选择学习文科，从而避开自己的短板。然而，初中生要求全面发展，根本不分文理科。眼看着还有一年就中考了，爸爸妈妈不由得心急如焚，也很担心林丹因为偏科严重，导致总分太低，因而考不上重点高中。

对此，林丹却不以为然，她告诉爸爸妈妈：“我又不想学习理科，我以后一定是要学习文科的，而且我还要当作家呢！你们看到哪个作家数学好啦？”爸爸苦笑着说：“闺女啊，你想当作家这很好，但是你先得成为合格的初中生，才能考上重点高中，才能考入你心仪的北京大学。否则，要是你数学成绩一直这么差，你就会与重点高中绝缘，那么也就会离北京大学越来越远啦！”爸爸的话让林丹陷入沉思，的确，爸爸说得很有道理。为此，林丹接受了妈妈给她报名的补习班，而且还主动恶补数学。一年的努力下来，林丹的数学成绩虽然不是最好的，但是已经达到班级中等水平，而且林丹也凭着过硬的文科分散，填补了数学成绩不够优秀的亏空，顺利考入了重点高中。

假如林丹不补习数学，那么哪怕她的语文成绩再好，她也无法考入重点高中。这就像是一个人必须依靠两条腿走路，只有在两条腿都达到正常长度的情况下，才能实现平衡。而一旦一条腿长一条腿短，哪怕那条长腿再长，也无法走得很好。尤其是初中阶段更要求学生全面发展，所以孩子更加不能偏科严重。当然，如果到了大学阶段，那么学习的策略就发生改变，要求术业有专攻，所以大学生可以侧重于朝着某个方向发展，从而提升自己在具体领域的能力，以使自己成为专业人才。

在西方国家，人们常说，必须万事俱备才能获得成功，而只要有某个方面做得不够，就会导致失败。一个人也许有很多优点，但是假如他有致命的缺点，那么这个缺点就会限制他的发展，甚至导致他全盘失败。所以朋友们，要想提升和完善自己，首先要保证自己平衡发展，既要发挥自身的优势和长处，形成核心竞争力，也要弥补自己的缺点和不足，从而避免因此受到局限，无法均衡发展。

当然，金无足赤，人无完人，每个人都既有优点，也有缺点。任何时候，我们都要客观对待和评价自己，不要因为自己有某个优点就沾沾自喜，自以为是，也不要因为自己某个方面的不足就盲目自卑，处处否定自己。要记住，唯有发扬优点形成竞争力，我们才能立足于社会，唯有弥补那些对气场起到副作用的缺点和不足，我们才能实现与其他正能量气场的交换，从而让自己的气场变得越来越强大。总而言之，木桶能装多少水，取决于木桶的短板，人生要想在成功的道路上走得更远，也同样要尽量避免短板的限制和局限。克服人生的短板，你做好准备了吗?

## 知识渊博的人，气场浑然天成

气场不但与人生的诸多先天因素和后天涵养有关系，也与人的学识有着密切关系。人们常说，读书能改变人的谈吐与气质，是非常有道理的。古人云，腹有诗书气自华，任何时候，一个人外在的美也许使人惊艳，但是唯有由内而外散发出来的美，才是经得起岁月沉淀的，也是历久弥新的。

当然，美丽的容貌是天生的，是父母给的，这一点无法改变。尽管现代社会人们对于美的追求越来越强，也有很多美容院、整形院如同雨后春笋般涌现，但是盲目地通过美容整形来改变父母赐予的容貌还是不可取的。身体发肤，受之父母，很多爱美人士在整容之后都出现很强烈的副作用，估计也是大自然在惩罚人们盲目改变生理的规律吧。其实，除了在脸上和身体的各个部位动刀子之外，还可以采取软装饰的方法，提升自己的素质与涵养，增加自己的学识，从而让自己拥有好的气质，这也可以弥补容貌的缺点。当一个人的气场足够强大，他就不会因为自身的不足而感到自卑。诸如很多人都喜欢小品演员潘长江，其实潘长江的个头非常矮小，但是他很自信，不但在小品界有很大的名气，而且还有漂亮的妻子和女儿。再如，赵本山作为小品界的泰斗，人长得一般，而且很老很土气，但是他正是凭借着自己的这种形象，成为全中国人最喜欢的小品明星。不得不说，他们都是有内涵的小品人，所以才会凭着自身的学识与才华，走出属于自己的演艺圈之路。

大多数人都有这样的感触，即大多数学者的气质都很好，散发出书卷气，也给人以亲和感。实际上，这就是因为学者坚持做学问，很少与社会上的污流接触形成的。相比之下，大多数从事建筑工作的人，因为整日与没有文化的农民工等人打交道，因而说话往往比较糙，也缺少书卷气。当然，这里并不是鄙视农民工，赞赏大学教授，而只是告诉大家，不同的生活层次，的确会影响人的气质。既然如此，为何不让自己也沾染些书香气，用渊博的学识为自己增强气场呢？

众所周知，在整个世界上，犹太人都以充满智慧而闻名。为何犹太人这么聪明呢？因为他们特别重视学习知识。在中国，很多人觉得孩子如果上学没上好，可以去从商，做生意。然而犹太人却坚持认为，一个没有知识的人，不能从商，否则他们一定会导致生意失败。在犹太的商圈里，还有一个奇怪的现象，即大多数生意人都愿意和知识渊博的生意人打交道，在成交的时候也会倾向于和知识渊博的人达成交易。由此可见，犹太人对知识是多么重视，正因为如此，他们才能成为这个世界上最聪明的民族。

有个犹太人专门从事钻石生意，有一次，他想从几个客户中选择一个作为合作伙伴，展开长期的合作，然而却拿不定主意。因为他对这些合作伙伴都不太了解，所以也就无从考量合作伙伴。思来想去，这个犹太人问合作伙伴们一个问题："请问，你们知道大西洋的鱼类有多少个品种吗？"听到这个提问，几个客户都很纳闷："大西洋里的鱼类有多少个品种，这与钻石生意有什么联系呢？完全是无厘头的问题啊。"为此，几个客户议论纷纷，怨声载道，他们既不知道问题的答案，也不想费尽心思寻找问题的答案。

这个时候，一个日本客户经过一番思考，回答了犹太人的问题。犹太人对日本客户的回答很满意，最终选择和日本客户建立长期合作关系。其实，犹太人问这个问题并没有特别的深意，更不是脑筋急转弯之类的问题，而是想知道合作伙伴的知识是否渊博。犹太人认为，一个人如果知道大西洋里的鱼类有多少个品种，那么他一定是知识渊博的人，也一定会对自己从事的钻石行业有着深入的了解和研究。以此推断，他们当然可以放心地与知识渊博的日本客户合作啦。

古人云，读万卷书，行万里路。当然，在古代社会想走万里路可不容易，至少要走上一两年的时间吧。因为古代交通不发达，而且自然条件恶劣，甚至有些人在走万里路的过程中生病，那就不知道要何年何月才能走完万里路了。当然，古代社会看书也不是很方便，纸张没有大量普及使用，沉重的书简让人读书非常吃力。这一切，在现代社会都得到了合理的解决，人们足不出户就可以读书，也可以毫不费力地在一天的时间里从南半球飞到北半球，环绕世界半圈。这样一来，现代人的见识自然多。尤其是很多年轻人，非常热衷于旅游，国内游完了去国外，国外游完了还有人梦想飞出地球去太空遨游呢！然而，旅游其实也有局限性，即需要大量的时间和金钱作为支持，而且只能到同时代的地方旅游，而无法畅游古代，畅游未来。读书则不同，读书可以帮助我们足不出户就走遍世界，还可以让我们领略伟大人物的思想，更可以让我们博古通今，了解历史，也展望未来。所以有钱有时间旅游的人，依然要多多读书，扩展自己的知识面，这样旅游时才会有更多的见闻和感受。而对于没钱没时间去旅游的人而言，最便捷和省钱也最高效的方式，就是多多看书，通过掌握渊博的知识，拓展自己的视野，沉淀自己的生命，改变自己的气质，甚至是容貌。

不管在哪个年代，也不管在哪个国家，知识都是非常有用的。一个人唯有掌握知识，才能变得更加强大。就像三国时期的诸葛亮，实际上也是因为精通各种知识，所以才能做到神机妙算，才能博古通今。一个知识贫瘠的人，在自己不懂的知识领域，必然露怯。一个知识渊博的人，不管和谁交谈，都不会因为孤陋寡闻而口不择言。他们说出来的话很有道理，也中规中矩，因而他们才能不断增强自身的气场，最终求得发展和进步。

成功学大师拿破仑·希尔告诉人们，一个人吃得太饱、喝得太多，都会死去，如果终日无所事事，百无聊赖，也同样会死去。显而易见，拿破仑是在告诉人们不要贪享口腹之欲，而要把更多的时间用于学习和积极进取，从而让自己的人生变得充实。很多人在人生之中都碌碌无为，穷尽一生却毫无收获。殊不知，人生不怕压力，也不怕忙碌，只怕失去目标和方向，不知所踪。

尤其是现代社会，知识更新的速度非常快。如果是几十年前的大学生大学毕业后，可以凭着学校里所学的知识工作几十年而无须给自己充电，那么现在的大学生还没走出校园，他们曾经学习所用的教材就已经落伍了。曾经有人统计，如今人类的知识进入爆发式增长的阶段，每隔三年，知识的总量就会增加一倍，这个速度是惊人的，堪称知识界的大爆炸。所以现代人要活到老学到老，始终坚持学习，从而实现自身的可持续发展。否则，一旦被知识的洪流远远甩下，再想跟上时代的脚步就很难了。

古人云，流水不腐户枢不蠹。人的脑袋如果经常转动，就会更加灵敏，也更加聪明。而人的脑袋如果始终处于停滞状态，那么就会渐渐生锈，及至再也转不动了。所以朋友们，让我们打起精神来充实自己的吧，你会发现当自己变得学识渊博，那么自己的谈吐、气质、风度以及气场，都变得与众不同了！

## 认识自己的气场，你才知道自己的价值

如今，尽管很多人已经意识到气场的重要性，也领略了气场的影响力和作用力，但是大多数人对于自身的气场并不了解。这导致人们无法发挥气场的最大作用，也导致人们在运用气场的时候事与愿违。例如，你明明想让自己成长为一棵参天大树，但是偏偏你变成了一棵柔软无依靠的小草；你明明想让自己成为无所不能的全能手，得到上司和领导的赏识，最终却成为整个公司里最默默无闻，也不受重视的那一个人；你明明想汇入大海，最终却变成了浅浅的小溪……当事与愿违，一切都不是你想看到的，你开始怀疑自己，否定自己，甚至觉得自己的一生注定要失败。正如古人所说，不识庐山真面目，只缘身在此山中。同样的道理，也有人说，人最大的敌人是自己，最陌生的人也是自己，那么面对这个陌生的强大敌人，我们要如何战胜自己呢?

每个人最熟悉的人是自己，最陌生的人也是自己。也许我们对于镜子里自己的面孔非常熟悉，当你看向自己的眼睛，你会发现对自己的眼神全然陌生。的确，有多少人曾经深入探究自己的内心，展开对心灵的探秘呢？生活整日忙忙碌碌，尤其是在大城市很多人每天就像陀螺一样旋转不停，因而根本没有时间一日三省吾身，更没有时间扪心自问。而每个人需要做的，都是先了解自己，然后才能提升和完善自己，也战胜自己。

人贵有自知之明，任何人都要更加了解自己，也要知道自己的优势

和劣势所在，更要知道自己的分量。除了极端的情况下，认清楚自己的气场，能够帮助我们正确评价自身的气场，从而选择和决定自己的价值体现。尤其是对于现代人而言，这一点特别重要。如今，很多大学生刚刚毕业就好高骛远，因为自己大学毕业，就奢望得到更好的工作和更高的报酬。殊不知，大学生已经处于饱和状态，大学文凭也不像几十年前那样有高的含金量。所以作为大学生，一定要脚踏实地，在校的时候认认真真地学习。离开学习步入社会，要勇于从最基础的工作做起，一步一个脚印获得成功。当然，这也不是让大学生们妄自菲薄。因为不管对自我价值认识过高还是过低，都会妨碍大学生的发展，最好的办法是正确评估和衡量自己，从而让自己取得长足的发展。

曾经，有一家跨国大公司在应聘的时候，问应聘者现在以及十年后所期望的月薪分别是多少。对此，很多大学生都低调谦虚，回答了两个相差无几的数字。而有的人对自己的未来很有信心，把现在的月薪回答得符合正常水平，而把十年后的月薪回答得几乎达到现在的至少五倍以上。最终，这个大公司聘用了那些对自己的未来满怀信心的人。对此，招聘者说："一个人，唯有对自己的未来有好的预期，才能有规划让自己不断进步。反之，假如一个人认为自己十年都将在薪资水平上原地踏步，那么恰恰意味着他们的退步。应聘者的信心要自己给自己，而不是靠着我们去告诉他未来的发展前景。"

毫无疑问，人唯有勇敢地超越自己，才能赢得他人的信任和钦佩。反之，假如一个人对自己都没有任何信心，被囚禁在自己的心牢中，那么他们如何能够突破自我，取得质的飞越和发展呢！所以朋友们，做人既不要妄自菲薄，也不要狂妄自大。唯有正确客观地评价自身的价值，实现自身的腾飞，我们才能最终拥有强大的气场，也从而辐射出巨大的能量，吸引和影响身边的人，帮助自己获得更好的发展。

## 消极的气场，使人被动沮丧

很多人之所以失败，不是因为他们没有勇气开始，也不是因为他们缺乏顽强的毅力，更不是因为任何客观外界的因素，而只是因为这些失败者内心的消极悲观导致的。从心理学的角度进行分析，大多数成功者之所以获得成功，是因为他们渴望成功，也积极地追求成功。而大多数失败者之所以失败，是因为他们害怕成功，也不敢面对成功。为何这么说呢？难道不是每个人都迫不及待想要获得成功吗？当然，这里所说的失败者害怕成功，不敢面对成功，并非意味着他们抗拒成功。实际上，他们内心深处依然渴望成功，而他们也同时感到非常恐惧，害怕自己在追求成功的过程中遭遇失败，害怕自己无法得到他人的肯定和认可，也害怕自己无法与那些优秀的人相提并论。这么多的恐惧，最终禁锢了害怕成功者前进的脚步，使得他们对于自己更加缺乏信心，也使得他们的气场变得越来越弱。

前文，我们阐述了积极的心理暗示对于人的强大作用。接下来，我们要说一说消极的心理暗示给人带来的负面影响。假如一个人内心非常虚弱，也不够成熟，那么他们很容易受到消极的心理暗示的影响。而且他们的自我不够强大，这也导致消极的心理暗示很容易占领他们内心的制高点，导致他们变得更加自卑，毫无信心。尤其是当遭受某些特定的刺激时，如他人的嘲笑和否定，他们更是不堪一击，马上就会觉得自己很差劲，根本无法赶上别人，更不可能像别人那样获得成功。久而久之，他们总是自惭形秽，无法做到积极主动地战胜自身的能力，从而也无法真正赢得他人的尊重和认可。

“二战”时期，凶残的德国纳粹在一个可怜的战俘身上进行了一项惨无人道的实验。他先是命令士兵把这个战俘捆绑起来，蒙上眼睛，然后又搬来很多医疗器械，并且告诉战俘：“接下来，我要在你身上打开一个放血的口子，让你等待血流干而死去。”在感受到尖锐的疼痛之后，那个战俘就听到传来血液一滴一滴滴入容器的声音。他不断地哀号，徒劳地挣扎，如同一头困兽那样走投无路，最终气绝身亡。

真相是怎样的呢？那个纳粹只是刺伤了战俘的肌肉，而所谓的血液滴答流出来的声音，是纳粹打开了自来水，让自来水缓慢地以滴速滴入容器。这就使蒙着眼睛的战俘产生了错觉，误以为那是他的鲜血正在流干的声音。他也因此陷入无边的恐惧中，最终导致活活被吓死。

实际上，纳粹只是对战俘进行了滴血的暗示，先是刺伤纳粹的肌肉，导致纳粹误以为已经打开了出血口。然而又放开自来水，让自来水一滴一滴地滴入容器中，暗示战俘已经开始放血。这样的消极暗示使战俘陷入极度的恐惧中，他因为害怕死亡，困兽犹斗，导致肾上腺素在短时间内大量分泌，也导致心脑血管产生障碍，心肺功能严重衰竭。可以说，战俘就是因为接受了消极的心理暗示，所以才被吓死的。

经验丰富的肿瘤科医生，经常见到有些癌症病人病情并不很严重，还有几年的寿命，但是却在得知自己身患癌症之后，几个月之内就病情恶化，去世了。实际上，这些癌症患者并非完全死于癌症，而是因为他们对自己进行消极的心理暗示，也导致内心恐惧，因而使得身体发生一系列的反应。而有些癌症患者，知道自己没有多长时间的寿命了，反而把一切都看开了，从容乐观地面对生活。最终，他们的身体战胜了癌细胞，与癌细胞共生，也使得癌细胞停止了对身体的侵犯。因而，他们反而很好地活了下来，也尽情地享受人生。由此可见，与积极的心理暗示相比，消极的心理暗示带来的负面作用是非常强大的，甚至对于那些心理脆弱的人而言是致命的打击。

每个人，都要让自己的心态变得积极起来，才能坦然从容地面对多灾多难的人生。没有任何人的一生是非常顺利的，尤其是在面对人生的坎坷挫折时，更要鼓起勇气，避免被消极的自我暗示打败。诸如“我不行”“我做不到”“我很害怕”之类的语言，都带有强烈的心理暗示，也要避免说这样的话。也许有的朋友会说，不就是一句话嘛，恰恰是这句话，会给我们的心理带来负面的影响。何不把这些话换成肯定的表达呢，“我可以”“我能做到”“我很勇敢”，看起来这像是老师教孩子的小儿科，但是当你真正这么对自己说了，你会发现这些话很有作用。

那些害怕成功的人，总是害怕面对机会。他们的共同点就是遇到机会就躲避，而不敢勇敢地抓住机会。他们不停地质问自己能否做到最好，却不知道很多事情是要边做边看，否则在真正开始做之前没有任何人能为结果打包票。既然如此，朋友们，一定要相信自己，要勇敢地开始，而不要在什么都没有开始做的时候，先否定自己，从而导致自己的人生止步不前。记住，一切都要开始了才算！

# 下篇　气场实战

# 第 8 章　气场的大小，决定你事业生涯的舞台大小

古今中外，但凡成就伟业者，无一不具有强大的气场。气场强大的人哪怕只是做一件小事，也往往因为机缘巧合，而被赋予特殊的意义。那么，什么样的人才是气场强大的人呢？毫无疑问，那些知难而退的人，他们的气场一定很弱。只有不屈服于命运，不屈服于客观的环境，而且排除万难，始终在人生道路上奋勇向前的人，才是气场强大的人，才能发挥气场的巨大力量，也开拓自己的人生，获得事业的发展和成功。

## 积极的气场，让你拥有吸引力

熟悉成功学的人都曾经听说过一个让人匪夷所思的数据，即只有1%的人掌握了世界上大概99%的财富。还记得之前听到“二八法则”是多么让人惊讶吗，这句话里的数据更让人感到震惊，为何会出现这样严重的财富分化呢？假如这句话真的所言凿凿，那么那1%的人是如何做到的呢？这是每个人都想知道的财富秘密，也有人因为无法洞察其中的秘密，而将其归为好运气。实际上，一个人也许暂时会有好运气，因而不劳而获，但是他们不可能永远拥有好运气。所以不要再觉得那些掌握了世界上99%财富的人只

是凭着好运气才发财的，而是因为他们掌握了获得财富的秘密，所以才能聚拢更多的财富。

曾经有个富翁在临死之前留下遗嘱，让人们猜测发家致富的秘密，并且还为能够找出答案者留下了巨额奖金。最终，人们寄给律师的答案千奇百怪，有个才十几岁的小女孩一语中的。这个小女孩的答案是——“野心”。其实，富翁只是想告诉人们，要想得到什么，首先有野心，才能督促自己不断努力，朝着自己所期望的坚持奋进。所谓野心，其实和吸引力有着异曲同工之妙。一个有野心的人，会迫不及待想要拥有自己渴望的一切，因而他们也会形成积极的气场，也拥有积极的吸引力。假如用一句话来概括吸引力法则，就是你想得到什么，你就会把什么吸引到自己的身边。那么你的野心想获得什么，你就会更加关注什么，最终也会形成强大的吸引力，从而使自己拥有想要的东西。换而言之，吸引力法则告诉人们，当每个人迫切渴望得到某个东西时，那些东西就会到来。

吸引力法则是非常神奇的，很多人在现实生活中都会有类似的体验。有的时候，人们梦想着得到某个东西，却又心知肚明不太可能实现。然而，他们控制不住地去想，去渴望，久而久之这样强烈的欲望影响了他们的行为，最终他们居然得到了自己想要的东西。还有的时候，我们无意间想起一个很久没有联系的朋友，然而却意外地得到了对方的联系方式。难道真的是冥冥之中自有安排吗？其实，这正是吸引力在发挥作用。吸引力能够让我们的思想波穿透时间和空间，把我们心心念念的人和事情都吸引到我们的身边。实际上，吸引力的发挥离不开气场的强大作用。当我们拥有积极的想法和强烈的意念，那么我们的气场也会因此而变得积极。这样一来，气场会发射出积极的吸引力，从而把我们想要的一切以及有利于我们人生获得成功的一切，都吸引到我们的身边来，帮助我们获得成功。与此相反，假如我们意念消沉，欲望也不够强烈，那么必然导致我们的气场变得消极，也会导致我们最终失败。

遗憾的是，大多数人对于吸引力法则和气场都没有正确深刻的认识，也不够了解，更不知道吸引力法则和气场的强大影响力和作用。实际上，吸引力法则和气场尽管看不到摸不着，却始终存在于我们的身边，影响和改变我们的生活。古今中外，有很多伟大的人物之所以获得成功，就是因为他们擅长发挥吸引力的作用，也擅长发挥气场的强大力量，既影响自己，也影响他人，还能把我们渴望得到的一切都吸引到我们的生命之中。

在影视剧中，我们经常看到那些领袖人物振臂一呼，应者云集，因而敬佩他们的领导力。实际上，这些领袖人物并非天降大任，而是靠着自身的不断努力和强大气场，才逐渐赢得他人的认可与尊重的。在不断地与命运博弈的过程中，在不断地接受命运的考验，超越命运重重难关的过程中，他们不断提升自己的精神力量，构建自己的精神家园，因而最终拥有了强大气场。

英国大名鼎鼎的戏剧家莎士比亚创造了很多经典的戏剧作品，他曾经说过，一个人之所以卑微，完全怨不得命运，而是要怪自己，因为正是他自己决定了他的人生。由此可见，意念对于人生影响深远，我们要让自己拥有积极的信念和意识，才能形成积极的气场。很多情况下，气场还会无形中影响人们的潜意识，使人不知不觉就努力实现梦想，这样的影响力对于人生是不可或缺的。

很多人都知道，梦想决定了人生能飞多高，而思想决定了人生能走多远。每个人都要积极地展开对人生的探索，而不要一味地岁月静好，也使得人生中的一切都停滞不前。人生的道路上，大多数成功者都是拥有梦想和信念的人，我们要想获得成功，也要带着梦想和信念前行，从而不断地增强自身的吸引力，也最终吸引更多积极正向的思想、观点以及收获等增强自己的气场，最终与成功结缘。

## 没有野心的人生注定平淡无奇

就像上文里那个猜中富翁心思的小姑娘所说的，一个人想要成为富人，最重要的就是有野心。一直以来，人们对于野心都存在误解，总觉得野心是不切实际的梦想，是带有贬义色彩的词语。实际上，随着时代的发展，人们更加意识到努力拼搏对于改变命运的重要作用，因而野心不再是一个贬义词，而是一个褒义词。尤其是在现代职场上，一个人如果没有野心，往往会把工作做得平淡无奇，甚至因为缺少内驱力，而对于工作三心二意，当一天和尚撞一天钟。而有野心的人呢？他们对于人生有梦想，有规划，也因为以野心激发出自己对于人生的驱动力，从而不断地在人生中迈进。可以说，野心是一个人成功的标志，也是一个人前进的动力，更能够带给人生生机勃勃和坚持不懈的努力奋斗。

古今中外，每一个富翁都是野心家，都是不安于现状的。正因为对现状不满，他们才不断地鞭策和激励自己，奋勇向前。他们身上似乎有着指南针，始终指引着他们朝着既定的方向前进，最终到达人生成功的彼岸。这个指南针，就是人人都有的气场。气场虽然看不见摸不着，但是却拥有强大的力量，也对我们的人生起到积极的指引作用。从人生目标的角度而言，气场具有强大的力量，促使人们怀着进取之心，在成功的道路上艰难前行。气场还迫使人们不断地努力，不断地攀登人生的高峰，而不要鼠目寸光，贪图安逸和享受。毕竟人生短暂，青春年华更是转瞬即逝，由此可见气场对于我们的人生将会起到多么巨大的推动工作，也可以说气场是每个人获得成功必不可少的要素。

很多年轻人初入职场，也许刚开始后还能满怀热情和激情，然而随着工作上琐碎的事情越来越多，也看到自己的努力并没有得到预期的回报，他们就会渐渐变得麻木，甚至完全把梦想抛到了脑后。有些新人还会渐渐地甘于平庸，曾经热忱的气场也减弱了，心中的力量越来越少。就这样，他们在初入职场的时候就已经让自己气势全无，可想而知，他们在接下来在工作中必然更加平凡，绝不可能抓住任何好机会。如何才能避免人生中出现这样尴尬的情况呢？新人们一定要注意，一个人可以平凡，但是绝不能平庸。要想抓住梦想，保持野心，我们就必须始终怀有野心。正如马云所说，梦想还是要有的，万一实现了呢？我们也要说，野心还是要有的，万一成真了呢！所以任何时候都不要放弃梦想，更不要摒弃野心，正如一部电影的名字一样，《梦想照亮现实》，我们也要用野心点燃人生的希望之光。

在美国一个偏僻的小山村里，有个马夫生活得闷闷不乐。他从来不甘心就这样当着马夫度过一生，更不敢想象自己将会永远是马夫，为此他决定改变自己的命运，给自己更多成功的可能。他给自己定下了目标——成为享誉美国的企业家。在大多数人看来，他这个梦想简直是空想，人们嘲笑他的野心，也对于他的目标不以为然。

为了让自己距离实现目标更进一步，马夫先是去了钢铁大王卡内基的工厂里工作。从最初加入工厂时，他就暗暗告诉自己："我一定要非常努力，最终担任这家工厂的经理。我一定会在工作上有突出的表现，让老板主动把我提拔为这家工厂的经理。"就这样，马夫带着伟大的人生梦想开始工作，他对待工作认真勤奋，似乎工厂就是他家的。而且，不管工作多么辛苦，多么劳累，他都保持愉快的心情，从来不喊冤叫屈，更不会对工作三心二意。几年过去了，才三十岁的他就被卡内基提拔为总经理。他毫不懈怠，觉得自己距离梦想只是近了一步，但是仍然需要继续努力。为此，他再接再厉，终于在三十九岁那年得到晋升，成为美国钢铁公司的总经理。他就是一个传奇，一个神话，他也为我们诠释了野心对于人生的重要意义。他就是大名鼎鼎的瓦尔斯·齐瓦勃先生。

大名鼎鼎的好莱坞英汉史泰龙，出演过很多部电影，深受全世界影迷的喜爱。然而，谁能想到史泰龙在成名之前，曾经拿着自己写的剧本把整个好莱坞的电影制片人都拜访了好几遍呢！他被拒绝了1855次，可想而知，当时的他内心多么受打击。但是他没有放弃自己成为电影明星的野心，哪怕遭到他人的嘲笑和讽刺，他也不改初心，而是继续奔波，推销自己的剧本，最终，他得到一位导演的勉强接受，导演只是答应让他试一试。没想到，他一举获得成功，也从此改变了自己的命运，实现了当电影明星的野心。

瓦尔斯·齐瓦勃之所以能够从马夫做到钢铁公司的总经理，完全似乎因为他的野心。当然，他在有了野心之后，并没有一味地空想，而是当机立断展开行动，先是告别马夫的生活，然后加入卡内基的钢铁公司，从而让自己距离梦想更近一步。在初步获得成功之后，他又继续奋斗，最终成为全美钢铁公司的总经理。在第二个事例中，史泰龙的经历也令人感慨。被拒绝一千八百多次，放在任何人身上，自信心一定会被打击得体无完肤，甚至在被拒绝几次就会放弃了。而史泰龙之所以获得成功，就是因为他在野心的支持下，始终勇往直前，决不放弃。所以他最终才能为自己争取到这样的机会，成为举世闻名的大明星。这样的成就，没有野心的人是绝对不可能实现的。由此可见，野心实际上是人们走向成功的第一步，也是人们为了成功而不断付出和努力的唯一理由。

现实生活中，很多人对于生活的态度涣散，总是漫无目的地对待生活，随波逐流，随遇而安，这样的人生态度尽管很平和，但是对于人们获得成功没有任何好处。常言道，性格决定命运，那么朋友们，你们属于什么样的性格呢？记住，你所缺少的并不是获得成功的天赋和机会，而只是缺少努力奋斗的意识。正所谓生于忧患，死于安乐，安逸的生活常常消磨人们的斗志，反倒是充满危机的生活，会激发起人们心底里的力量，使人们变得更强大，也绝不向命运屈服。

具体而言，职场上的野心是一种力量，这种力量让职场人士不断地进行自我激励，而且也会抓住各种机会在工作上有好的表现，也努力地改变自己的命运，抬高自己的地位，从而让自己拥有更为广阔的职业发展前景。很多人之所以总是与失败结缘，并非他们自身的条件和外界的条件达不到，而是他们缺乏自信心，总是在真正开始之前就进行自我否定，更有人甚至连想都不敢想。这种情况下，如何能够在野心的激励下迈出通往成功的第一步呢！自然，成功也会远离这样的胆小怯懦者，而更加倾向于那些有野心、有目标、坚定不移展开实际行动的人！

## 拥有大格局，才有大气场

“给我一个支点，我就能撬动整个地球。”一开始听到这句话，如果不知道这句话的出处，相信朋友们一定会认定说这句话的人狂妄自大，不知道天高地厚。然而，当知道这句话出自古希腊大名鼎鼎的数学家阿基米德之口，人们又会由衷地钦佩：作为伟大的数学家，阿基米德既然能说到，当然就能做到。且不说从理论上能否实现这句话，仅仅是这句话隐藏着的强大的气场，就使人赞叹不已，发自内心地佩服。试问，除了阿基米德，这个世界上谁还曾像他一样，也满怀信心地说出这句话。不得不说，气场是模仿不来的，哪怕别人说了这句话，只怕也会被认为是口出狂言，因而遭到嘲笑。

为何有的人心怀天下，心怀整个世界，也为全人类做出伟大的贡献，而有的人一生之中目光短浅，只知道守着自己的一亩三分地过好自己的小日子呢？实际上，这是由格局决定的。会下棋的朋友都知道，高明的棋手在真正开始走棋之前，就会先在心中对整个棋局有一定的规划，然而再根据预先设想的规划一步一步走下去。同样的道理，那些在战场上叱咤风云的将军，也是先要对战争的整体局势进行分析，从而才能做到胸有成竹，马到成功。

生活中，人们常说要走一步看一步，不得不说，这绝不是对待人生和事业的好办法。明智的朋友会预先为自己设定目标，制订计划，然后再在具体操作和执行的过程中不断地完善自己，调整方案，最终达到预期的效果。否则，如果没有整体规划，而是见机行事，那么做人做事的格局就会小很多，也没有了辽阔高远的人生。

很多经常去国外的朋友会发现，国外有很多古建筑，尤其是很多城市的下水系统，堪称壮观。而中国几十年前的下水系统，如今就已经不够用了，常常一遇到大雨的天气就导致水漫金山。实际上，这就是进行规划的时候，没有长远和大局眼光与意识导致的。当然，这也是格局导致的。尤其是现代社会，发展速度非常快，整个世界都处于日新月异的变化之中，不管是国家还是个人，都要拥有大格局，形成大局意识，才能最大限度的目光长远。

作为香港大名鼎鼎的富豪，霍英东小时候家境贫寒，简直到了难以维持生计的地步。因为没有钱买鞋子，霍英东直到七岁才穿上人生中的第一双鞋，难以想象他在七岁之前都是赤裸着脚度过人生中的春夏秋冬的。

为了帮助父母养家糊口，霍英东很小的时候就去渡轮上做工，主要负责给独轮加煤炭，从而让渡轮保持动力。正因为如此，霍英东知道生活的疾苦，小小年纪就非常懂事，像个小大人一样。后来，母亲拿出所有的积蓄为霍英东开了一个小卖店，卖生活中琐碎的必需品。霍英东很有眼光，朝鲜战争爆发之后，他意识到未来航运业会有好前景，因此开始涉足航运业，也正式踏入商海。

1954年，霍英东创办了建筑公司。他很大胆，率先推出“先出售，后建筑”的营销模式，渐渐地发展成为香港地产界的龙头老大。后来他还不断地扩大经营领域，把经营的业务范围涉及方方面面，诸如建筑、航运、酒店、石油等，实现遍地开花的经营模式。霍英东懂得做人的道理，所以才能在商海中游刃有余。他总说做人要本分，要踏实。自从有钱之后，他始终牢记回报社会，也经常进行捐赠。对此，他总是说自己付出了微薄的力量，而从不觉得自己为社会做了多么大的贡献。不得不说，霍英东做人是有大格局的，所以他的心意也给社会带来了丰厚的回报。

下棋没有格局，最终把棋局下成死棋，导致无法盘活，满盘皆输。做人没有格局，会让人生的道路越走越窄，最终进入死胡同，气场也变得狭仄逼人，无法发挥强大的力量。可以说，一个人有怎样的格局，就有怎样的发展，也拥有更强大的气场。因而朋友们，先不要把眼光盯着那些小事情，而要拥有大格局，才能在人生的道路上不断地开疆拓土，获得成功。

很多朋友都羡慕那些做大事的人，殊不知，一个人能否做成大事，还是只能螺蛳壳里做道场，完全取决于这个人的气场。很多人眼睛里看不到任何人，只能看到自己，也总是自以为是，以自我为中心，就是因为他们理想不够远大，所以才导致他们鼠目寸光，斤斤计较。这样的人因为人生的格局太小，哪怕遇到好的机会，也无法抓住，更不可能成就伟大的事业。相反，有的人拥有大格局，哪怕人生暂时遭遇困厄，也不能限制他们的心自由自在地翱翔。他们目光长远，志向高远，做人做事都不拘小节，也因而拥有广阔的人生天地，最终必然成就大业。当然，大格局并非与生俱来的，而是随着我们成长的过程中视野开阔才渐渐形成的。每个人都要注重培养自己的大格局，从而成就自己强大的气场，最终创出独属于自己的一番人生天地。

## 强大的气场，影响他人于无形

熟悉历史的朋友都知道，历史上有一种人总是能够让人热血澎湃，他们振臂一呼，就有无数人响应他们，心甘情愿地追随他们，因而他们最终成为领导者和领袖人物，带领大家做出惊天动地的大事情。难道他们真的是造物主派来拯救人类的吗？否则，他们为何拥有如此强大的影响力，也能够马上就影响他人呢？实际上，帮助他们振臂一呼、应者云集的，不是造物主，而是他们强大的气场。

他们为何具有如此强大的气场呢？归根结底，是因为他们都有超强的语言表达能力，总是口若悬河，滔滔不绝，也能够把话说到他人的心里去，引起他人的共鸣，所以他人才会对他们心服口服，完全信服。其实，他们的观点未必都是正确的，尤其是在历史时期，他们之中因为时代发展的局限，往往观点并不正确，但是这丝毫不影响他们的影响力。时代发展至今，拥有影响力依然是很多人孜孜以求的。的确，如果我们能够不知不觉中就影响他人，让他人为我们所用，可想而知我们的力量该会多么强大。

古今中外，很多伟大的人物正是凭着强大的气场统率千军万马，开疆拓土的。例如，拿破仑的大帝，虽然他最终战败俄罗斯，被囚禁在孤岛上终此一生，但是他的气场和勇气无人能敌。

在鼎盛时期，拿破仑率领大军所向披靡，不但征服了法兰西、意大利，还征服了瑞士……总而言之，几乎整个西欧都被他收入囊中。然而，正当此时，拿破仑在西班牙的军事行动中失败了，他没有成功征服伊比利亚。为此，法兰西军团受到打击，士气也萎靡不振。拿破仑偏偏不信邪，下定决心继续扩展版图。这个时候，他做出了一个疯狂的举动，要征服沙俄。

如今，很多人对于俄罗斯这个国家和民族都有一定的了解，也知道俄罗斯国家纵深很深，而且常年处于寒冷的冬季。最重要的是，俄罗斯民族性格暴烈，民风彪悍，动辄就以死相搏，这种种迹象都表明俄罗斯完全是一个不可征服的国家。为此，在听说拿破仑要率领大军去征服俄罗斯，很多将军当场表示反对，也极力说服拿破仑不要做出如此草率的决定。然而，拿破仑环顾诸位将军，底气十足地说："从开始征战到现在，我遇到过很多外强中干的敌人。他们看似强大，实际上不堪一击，他们之中根本没有人有资格成为我真正的对手。纳尔逊将军只擅长在海上作战，而所谓的意大利人和埃及法老们，尽管曾经信誓旦旦要战死沙场，最终还是缴械投降。在他们眼中，我就像是上帝的电闪雷鸣，我就像是狂怒的大海，让他们无法抗拒。而我，就是你们的皇帝，是你们的主宰。如今，又有人说沙俄不可战胜，但是实际上，我同样会长驱直入，让他们再也无话可说。”说完，拿破仑还拿出曾经与俄国签订的《蒂尔西特合约》，让卫兵当众烧掉。

拿破仑的这番话，最终说服了那些持有反对意见的将军。虽然将军们一开始不约而同地全都反对拿破仑去远征沙俄，但是拿破仑的气场实在太强大了，无形中就影响和控制了他们。他们最终都放弃理智，和拿破仑一样热血澎湃，似乎征服沙俄只是一件马到成功的事情。尽管最终拿破仑失败了，甚至因此毁掉了自己战无不胜的一生，但是他强大的气场影响力，至今依然让人心潮澎湃。

但凡伟大的领袖人物，无一不是具有超强的影响力的。实际上，他们的话未必很实在，甚至堪称空洞，但是他们饱满的情绪、决绝的态度，使他们的气场非常强大，也导致他们能够轻而易举影响和改变他人。这就是情绪的感染力，也是气场强大者顽强的意志力。

也有些朋友对于他人的发言表示不以为然，甚至觉得如果换成自己在台上讲话，同样能起到相同的效果。不得不说，这样的人是自不量力的，他们看不到让语言发挥影响力的艰难，又怎么可能具备这样的能力呢！当然，要想让自己说话影响他人，改变他人，发挥强大的影响力，说话时就要有气势。很多时候，人与人之间进行语言的交锋，并非胜在语言的内容，或者胜在语言的逻辑思维上，反而是气势起到了决定性作用。有的时候，哪怕语言并没有严密的逻辑推理，语言组织也不够精密，但是只要气势强大，而且发言的时候充满热情和激情，富有感染力，就能让语言起到预期的效果。

朋友们，气场就是如此神奇，甚至不需要逻辑思维作为支撑，但是却能传递给他人强大的能量，也让他人如同我们一样变得热血澎湃。正因为如此，气场才能创造奇迹，才能如同上帝赐予的力量那么伟大、不可战胜。

## 成功的气场，助力你获得成功

在这个世界上，人人都渴望获得成功，以此证明自己的能力和实力，也以此获得万众瞩目，让自己的人生璀璨辉煌。然而，成功决不能仅仅停留在人们的幻想状态，否则成功就会变成彻头彻尾的空想，根本没有机会实现。人人都知道，人生从来不是一帆风顺的，每个人在通往成功的道路上，都会遭遇各种坎坷和挫折。而成功者之所以能获得成功，除了具有天时地利人和等必不可少的条件之外，还因为成功者具有成功的气场。

还有成功的气场吗？看到这里，相信很多朋友会哑然失笑：难道气场真的是无所不能、神乎其神的吗？没错，气场的确很神奇，尤其对于不了解气场的人而言，气场更是无法参透的。但是对于了解气场的朋友而言，就很容易理解为何还有成功的气场。因为气场能够帮助人们摆脱困境，尤其是当人们被困于坎坷与挫折之中无法自拔时，人们难免变得沮丧绝望，甚至完全放弃努力，不再进行任何尝试。这个时候，积极的气场会给人积极的力量，从而帮助人们消除绝望的负面情绪，渐渐地找回积极乐观的正面情绪。这样一来，人们就会拥有顽强的斗志，也绝不会轻易放弃对生命的掌控。所以说，气场能够助人们一臂之力，让人们有更大的可能性获得成功。

实际上，人是非常复杂的生物，既有动物性的本能，也有最真实的自己。在社会上，人们还会情不自禁想要表现出自己最好的一面，这就是心理学领域中提出来的“超我”，也就是被升华了的人，符合社会规范和大众预期的人，拥有至高地位和尊贵身份的人。气场并不会把人区分得这么详细，而是综合表现出人的每一面。所以说，气场是综合的体现，能够全方位地表现人，也能把人的每一面都统一起来，赢得更好的发展。

气场是无形的，不同于中医所说的“气”，而是一种能量，始终游走于我们的身边，环绕着我们，包围着我们。气场尽管看不到，但是能被人们感受到。很多人如果现场听过歌星的演唱会，就会知道歌星的气场非常强大，甚至能够辐射整个演唱会的会场。也因为沉迷于歌星的气场，歌迷们会更加崇拜歌星，甚至有些歌迷对歌星的追求已经到了走火入魔的程度。当然，每个人都拥有自己的气场，只不过气场的强弱有所区别而已。而所谓成功的气场，只有那些不屈服于命运的人，才会拥有。

1880年，海伦出生在美国名不见经传的一个小镇上。刚出生的海伦非常健康，肥白可爱。在父母的照顾下，海伦茁壮成长，然而在海伦一岁多的时候，一场突如其来的猩红热使海伦死里逃生，康复之后就失去了听力和视力。因为听不到别人说话，海伦没有学习说话的机会，最终也渐渐地失去了语言表达能力，变成了聋哑盲人。

毫无疑问，对于一个曾经健康活泼的女孩而言，海伦该有多么痛苦。她无法像正常的孩子一样生活、玩耍，在意识到这一点之后，海伦变得越来越暴躁，动不动就发脾气。为了启发海伦的心智，父亲特意去聋哑学校为海伦请回一位家庭教师。正是在家庭教师耐心而又充满爱的生命启迪之中，海伦最终不但学会了读书写字，而且还学会了说话。她就像正常的孩子一样学习，战胜了无数困难，最终才能够大学毕业。海伦具有顽强的生命力，在艰难地进行学习时，她还掌握了五种语言。她坚持写作，也致力于残疾人的教育事业。她在全世界范围内进行演讲，把自己的人生经历告诉更多的人，从而帮助人们恢复信心。她几乎征服了整个世界，迄今为止，她的代表作《假如给我三天光明》依然得到无数读者的喜爱。

1968年，88岁高寿的海伦离开了人世。可以说，她的一生是不屈服于命运，始终与命运作斗争的一生。她的一生，捍卫了人类的尊严，是整个人类的骄傲。她的一生，也是传奇的一生，她用自己的伟大事迹为无数人打开了生命的大门。

毫无疑问，海伦作为一个聋哑盲人，如果没有成功的气场，早就被厄运降服，向着厄运低头了。然而，海伦偏偏不，在得到家庭老师的帮助后，她像正常人一样学习和工作，甚至取得了比正常人更加伟大的成就。也许是生体的残缺激发了海伦的斗志，也许是因为海伦始终不甘于沉沦，才会如同一个斗士一样永不屈服。假如海伦没有因为猩红热而导致变成聋哑盲人，也许她的一生会平庸地度过。所以凡事都是有利有弊的，塞翁失马焉知祸福，有的时候看似是坏事，恰恰能激发出人的无限潜能，使人获得成功。而看似是好事，也有可能导致人斗志全无，平庸度过一生。总而言之，人生成功与否，并非完全受限于天赋，哪怕命运不公，让我们变成一个被咬过一口的苹果，只要我们自己坚强不屈，与命运博弈，最终也会拥有成功的气场，获得成功。

当然，每个人对于成功都有自己的定义，也许有人对于成功的理解过于狭隘。实际上，成功并不单指在某个方面有杰出的成就，而是意味着人生全方位的发展和平衡。这是因为人生也决不片面，而是各种人生因素的综合作用和结果。从这个角度而言，要想拥有成功的气场，人们必须综合提升自己，才能真正主宰人生。总而言之，我们既不要带着偏见看自己，也不要带着偏见看他人。我们必须客观正确地评价和衡量自己，才能发现自己的优点，也要找到自己的不足，从而有的放矢地锻炼和提升自己，最终拥有成功的气场。

# 第9章　释放气场，你会成为处处受欢迎的社交王

现代社会，人际关系的重要性被提升到前所未有的高度，也成为每个人不可或缺的资源。人人都希望建立良好的人际关系网，也因而处处受欢迎，但是这并非简单容易的事情。人心非常复杂，人与人之间的相处也是很难的，尤其是在气场不相容的情况下，人们彼此之间很容易针锋相对，导致关系紧张。在这种情况下，假如我们能够发挥气场的强大力量，让气场帮助我们建立良好的人际关系，那么就会事半功倍，不但能得到他人的认可和尊重，也能与他人的气场相融合，从而与他人友好相处。

## 初次见面，给他人留下好印象

美国心理学家罗钦斯提出了首因效应，其实，就是日常所说的“先入为主”效应。具体而言，指的是初次见面的双方留下的第一印象深刻，因而受第一印象的影响，对日后的发展起到决定性的作用。从首因效应上看，假如一个人在与陌生人初次见面时，给陌生人留下好印象，那么接下来与陌生人的相处就会比较愉快。与此相反，假如给陌生人留下不好的印

象，甚至招致陌生人的反感，那么就会导致与陌生人后来的相处非常困难，甚至面对很多阻碍。由此可见，第一印象从某种程度上奠定了人们彼此之间相处的基调，也决定了人们日后的交往是顺利还是坎坷。

在了解首因效应之后，相信朋友们一定会认识到第一印象的重要性。那么，如何才能给他人留下良好的第一印象呢？对于第一印象，很多人的认知存在误区，即觉得第一印象就是外表给人留下的印象，因而他们把关注的重点放在衣着得体、妆容精致或者讲究礼仪等方面。殊不知，第一印象绝不那么简单，第一印象除了包含外在给人留下的印象之外，也包含内在给人留下的影响。例如，一个人的气质与风度，言谈举止，甚至是气场，都会给人留下深刻的第一印象。

近几年来，江苏卫视热播的《非诚勿扰》相亲节目中，很多男嘉宾一出场就会被女嘉宾灭灯，并非他们穿得不好，也不是他们长得太丑，而是因为他们散发出来的气场与女嘉宾的气场不相容，因而他们无法得到女嘉宾的认可。还有些男嘉宾，在短暂的自我展示时间里，或者是播放VCR的过程中被灭灯，这是因为他们的自我展示不符合女嘉宾的标准，其实未必是因为他们某些具体的举动，也同样是气场的原因导致的。由此可见，与他人初次见面，要想给他人留下最佳印象，那么做好面子工程也是远远不够的，更多的是要在平日里提升自己的素养，充实自己的内心，才能让自己举手投足间都散发出魅力和吸引力，也打造自己的强大气场。

现代社会，既然人人都重视自己的人脉关系，那么就要重视自身的形象，从而争取在第一时间给他人留下好印象，也赢得他人的认可与尊重。要知道，良好的第一印象还会给他人形成吸引力，让他们情不自禁地围绕在我们的身边，与我们和谐相处。细心的朋友会发现，现实生活中大多数德高望重之人或者是受欢迎之人，无一不是能够给人良好印象的人。

尤其是在社交场合，往往有些人三三两两地站在一起，脸上挂着亲切的微笑，与他人熟稔地交谈。实际上，他们并非是偶尔遇到的老朋友，而是初次相识的陌生人。他们之所以如此和谐融洽地交谈，是因为他们给彼此都留下了好印象，因而才能一见如故，相谈甚欢。当然，他们的气场也是很相容的，既然每个人都释放出正面的气场，彼此吸引，那么他们理所当然能够谈到一起，也理所当然在未来会相处愉快。

具体来说，要想给他人留下良好的第一印象，一定要做好以下几点。首先，不要以自我为中心，记住，只有你的眼睛里有他人，他人的眼睛里才会看到你。所谓尊重是相互的，正是这个道理。其次，不要随意表现出你的焦虑不安与紧张情绪。没有任何人愿意与负能量团相处，更不愿意因为他人的负面情绪而影响自己，所以对于初次见面的人，你一定要展示出自己正面积极的精神状态，这样才能给他人留下好印象。再次，尽量放轻松，这样你的轻松会传染给他人，让他人也变得轻松起来。当你们就像在昏暗的咖啡厅里、柔和的音乐声中一样坦诚相见，要相信你们的相处一定会非常愉快，也会充满了真诚。在交谈中，还要时不时地与对方进行眼神交流，毕竟眼睛是心灵的窗口，适当的眼神交流能够让我们与他人的交往更加深入，也会给他人留下好印象。最后，每个人都喜欢倾诉和表达自己，我们要成为一个好听众，既要凝神倾听，也要与对方同步，时不时地给予对方回应，或者暗示性地赞美对方，相信对方一定会对你留下好印象，而且也期待着与你的再次相逢。

## 礼貌是内心的外衣

在一个人的成长过程中，有很多因素都会影响他气场的形成，诸如他的家庭环境、成长背景、接受的教育、经历的事情，等等。正所谓不经历无以成经验，实际上，人生中没有任何一段经历会是白白经历的，它们多多少少都会留在我们的生命之中，成为我们人生中不可或缺的宝贵经验。这些显性或者隐性的一切，最终都会凝聚成我们的气场，对我们的人生和命运起到影响的作用。也因此，气场不但有内在的决定因素，也时常外化出来，表现出我们的素质和涵养。诸如现代社会尤其重视精神文明的发展，也大力提倡讲礼貌，而礼貌恰恰就是人们内心的折射。

曾经有人说，当一个人满口污言秽语，他们一定不会有纯净的内心。因为语言是心灵的外衣，同样的道理，礼貌也是内心的外衣。一个彬彬有礼的人，往往内心纯净而又美好，相反，一个不讲礼貌、粗鄙低俗的人，往往意味着他们的内心也没有淡定平和的力量。所以我们每个人都要从各个方面提升自己的气场，也更要关注气场的外在表现，才能让气场由内而外发挥最强大的作用。

对于现代人而言，礼貌是最基本的教养和素质。一个人经常保持待人礼貌，他的气场就会越来越强大，并且对他人形成吸引力。反之，假如一个人总是污言秽语，那么就会导致气场越来越弱，甚至消失。当然，礼貌并非是伪装出来的，而是要有温和有礼的内心，才能让自己的言谈举止表现出极大的礼貌。在人际交往中，很多朋友都因为自己无法受人欢迎而感到苦恼，却不知道礼貌是打动人的第一要素，尤其是对于陌生人而言。通常情况下，熟悉的人彼此了解，因而哪怕不讲礼貌，彼此也能心意相通，但是陌生人则不然。初次见面的陌生人与我们之间相互不了解，如果我们因为缺乏礼貌给陌生人留下恶劣的印象，那么他们很有可能认为我们就是粗鲁的人。有人说，礼貌能够折射出一个人的内心，所以人们通过礼貌来判断我们的为人处世，也就不足为奇了。记住，没有人愿意与言语粗鄙的人打交道，大多数人都希望自己面对的是温和有礼的人，这样才能保证交往顺利进行下去。所以朋友们，不要再把没礼貌当成是任性洒脱了，不管是在怎样的社交场合，也不管面对哪些社交对象，礼貌都是人与人之间友好相处的基本条件。

当然，礼貌也能打造我们的形象，让我们的气场瞬间增强。曾经有心理学家经过研究证实，陌生人相处，其实在最初的几分钟时间内就已经形成了对彼此的印象。因而我们要想建立良好的人际关系，一定要抓住最初的几分钟，从而给交往一个良好的开端，也早用心打造我们的社交形象。有些人对于礼貌存在歧义，总觉得过于注重外在的表现是以貌取人。其实不然。所谓以貌取人，往往局限在根据他人的长相和衣着打扮，来判断他人的身份地位，从而产生功利心。而礼貌则不是这样的，礼貌是我们由内而外散发出来的气质和独特魅力，是我们对于他人的尊重，也是我们赢得他人尊重的前提条件，与以貌取人是完全不同的两码事。

凯威刚刚从国外回来，是一位海归高材生。原本，以他的资历应该很容易找到工作，但是回国半年之久，他依然没有找到合适的工作，这让朋友们都感到很疑惑。有一次，凯威很巧合地去了朋友所在的公司面试，一如往常，他的面试还是以失败而告终，这让原本很兴奋要与他当同事的朋友非常失望。朋友实在按捺不住内心的好奇，也因为与人力资源部的主管关系还算不错，所以特意找到人力资源部的主管问个究竟。

主管一听到凯威的名字，马上皱起眉头说：“哦，原来那个骄傲自大狂是你的朋友啊，真是可惜了他海外留学的背景，不然倒是个很好的人才呢！但我实在不能忍受他一点礼貌都没有，要知道这样的随意在国外是随性，有大环境，毕竟国外的人都不拘小节，但是在国内就是不礼貌，根本不是真性情的表现。我真希望他在国外学到的不仅仅是不礼貌，也有点儿真才实学，这样或许能碰到哪个公司因为真心想用他，所以能容忍他吧。”经过一番了解，朋友才知道凯威来面试的时候衣冠不整，穿着随意，最重要的是他见到面试官连问好都不问，而且对于面试官的很多提问都嗤之以鼻。试想，这样的人才哪个公司敢用呢！

古人云，一屋不扫，何以扫天下。很多人都自以为是，觉得自己才华横溢，因而不愿意拘泥于小节，更不愿意讲究所谓的礼貌。殊不知，这样的人才哪怕真的学识渊博，专业技能很强，也没有公司愿意用他们。归根结底，所有的关系都可以归结于人际关系，而人际关系的基础就是彬彬有礼，给予他人尊重，也赢得他人的尊重。很多人以随意率性而掩饰自己不讲礼貌的本质，却不知道没有任何理由可以让一个人不讲礼貌。尤其是在如今的职场上，所谓官大一级压死人，对于上司，哪怕作为下属的你心中根本不服气，也要表现出应该有的礼貌。否则，你凭什么混迹职场呢？

一定要注意区分，讲礼貌绝不是以貌取人，而是从细节处观察一个人的内心和本质，也从而对这个人有更加深刻的理解。当然，讲礼貌也绝非几句礼貌用语那么简单，而是要体现在很多微不足道的小细节上。当把这些细节做好了，他人自然会感受到我们的礼貌，也会对我们刮目相看。首先，要尊重他人，相互尊重是人际相处的基础，不管对方是怎样的人，我们都要给予他们最基本的尊重。其次，在听他人说话时要专心，切勿三心二意，左顾右盼，否则对方马上会失去兴致，甚至不愿意再与你说任何话。再次，说话的时候不要提起那些让人尴尬的话题，更不要使人误以为你在故意刁难。最后，与对方的眼睛保持持平。很多成人与孩子说话总是站直身体，低下头，居高临下，殊不知，这样会给孩子压迫感。如果成人能够蹲下来，或者坐在孩子面前，平视孩子的眼睛，那么相信与孩子之间的交谈会进展顺利。同样的道理，在与成人交流时，也要与对方的视线保持持平，这样才能方便与对方进行眼神的交流，也会给对方留下良好的印象。总而言之，礼貌对待他人要关注每一个细节，做好每一个细节，才能把我们的真诚友善传递给对方，也才能与对方和谐友好相处。

## 巧用名片，给他人留下深刻印象

现代社会，几乎每一个职场人士都有自己的名片，也会在与他人初次见面之时递上自己的名片，从而作为自我介绍的补充和完善。名片上的头衔，或多或少会影响人们对你形成的印象，因而千万不要觉得名片就是个毫无用处的形式。现实情况告诉我们，假如把名片运用得当，名片甚至会帮助我们赢得更多的机会呢！

当然，递给别人名片也是有契机的。如果刚刚和别人见面就递上名片，一定会给人造成“丈二和尚摸不着头脑”的困惑。初次与人见面时，最好先进行自我介绍，让对方初步认识自己，也让自己师出有名之后，再向对方递上名片。对于普通的社会交往而言，这是一个惯常的流程，虽然很多人做起这套动作来一气呵成，完全是习惯成自然，但不可否认的是这样的举动对于建立人脉关系大有好处。这里还有一个小细节需要注意，即送给对方名片时，一定要用双手，以表示对对方的尊重。如果对方位高权重，或者是德高望重的长者，那么还要稍微把上身前倾，从而表示恭敬之意。

通常情况下，当我们把名片给予他人，他人作为回赠，也会给我们名片。这个时候，依然要双手接过他人的名片，并且放到稳妥的地方。很多人接过他人的名片时，或者漫不经心地装入口袋里，或者随手插入哪本书里，这些举动都会给对方留下不好的印象。如果从事经常需要与陌生人打交道的工作，最好准备一个名片夹，既可以放自己的名片，也可以放他人递过来的名片。相信当他人看到自己的名片得到了好去处，一定会觉得非常欣慰，也会因此对你形成好印象。总而言之，递送和接受别人的名片虽然看似是小事情，实际上却是不容忽视的细节。只有把细节做好，我们才能与他人迈出友好相处的第一步，也才能帮助自己建立良好的人脉关系。

作为世界上最伟大的推销员，乔·吉拉德也是大名鼎鼎的演讲大师。他在世界范围内举行演讲，也曾经向世界五百强企业的经营传授销售经验。为了能够亲耳听到他的演讲，有人不惜坐着飞机四处追寻他，对他的演讲更是百听不厌。

有一次，年逾古稀的乔·吉拉德刚刚走上演讲台，居然扭动腰肢开始跳起迪斯科。他兴致盎然，甚至爬上讲台跳舞，这样全身心投入的热情马上点燃全场，台下的观众也跟着乔·吉拉德开始舞动起来。全场瞬间陷入疯狂的状态，每个人都跟着乔·吉拉德不停地摇摆，简直嗨翻全场。

这时，乔·吉拉德问大家："朋友们，你们想成为世界一流的推销员吗？"台下的听众马上齐声呼喊："想！"

"那么，你们知道如何才能成为世界一流的推销员吗？"

"不知道！"

"想知道吗？"

"当然想啦！"

"那么朋友们，你们是否有我的名片呢？"

"有！"

"你们有几张我的名片？"

听众们七嘴八舌地回答起来，回答各种数字的都有。乔·吉拉德笑着喊道："朋友们，哪怕你们拥有再多我的名片，也不够。"说完，乔·吉拉德从口袋里掏出几千张名片，向着整个会场抛撒出去，把会场上的热烈气氛再次推向高潮。这时，乔·吉拉德喊道："现在你们知道了吧，这就是我成为世界一流推销员的秘诀。感谢大家，演讲结束！"

乔·吉拉德的演讲的确使人感到别开生面，他以疯狂迪斯科开始演讲，又以挥撒名片结束演讲，其实是想告诉人们，一个人要想成为世界一流的推销员，就要拥有丰富的人脉关系，而且要把名片发送给每一个人。当然，乔·吉拉德养成随时随地发名片的习惯，也许与他从事销售行业有关。如果你不是从事销售行业，那么完全无须每天都随身带着几千张名片。只要准备一个名片夹，带上一定数量的名片就够了。当然，如果你预先知道自己要参加盛大的社交场合，那么你还是应该多为自己准备一些名片。

需要注意的是，带着名片，把名片发给每一个人不是根本的目的。要想让名片起到预期的效果，最重要的是与对方交换名片。这样，你不但把自己的信息传递给他人，也得到了他人的信息，可谓一举两得。实际上，交换名片的过程就是双方彼此认识和相互接受的过程，一定要把这个过程做得尽善尽美，从而让自己的气场与他人的气场相容，也成功地得到他人的肯定和认可，其乐融融与他人相处。

不过，为了达到预期的社交目的，交换名片的时候也要注意很多方面的细节。首先，名片并非发得越多越好，特别是在面对陌生人时，更不要不加选择地发名片，否则会引起他人的反感。当在场的陌生人很多，可以在收到他人的名片同时，作为回礼也赠送自己的名片给他人，这样起到礼尚往来的作用，也能传递关于自己的信息，可谓一举两得。其次，在接过别人递来的名片之后，一定要第一时间认真拜读别人的名片，不过时间不要太长，最好不超过30秒，否则会让他人焦急等待，也陷入难堪和尴尬。再次，面对位高权重的人时，如果不是对方主动索要名片，最好不要主动送出自己的名片，否则会显得很唐突，也会没有礼貌。最后，如果同时给在场很多人发名片，一定要逐个分发，不要跳过某个人，否则就会被误以为急功近利，因而给他人留下恶劣的印象，也会惹怒他人。在掌握了发名片的技巧之后，你们就能成功地把自己的名片发出去，并且让发名片的行为起到预期的效果，可谓事半功倍。

## 微笑，是你最好的气场妆容

现代社会的很多女性都擅长化妆，她们善于给自己打造各种精致的妆容，但是却忘记了她们的脸上永远挂着职业性的微笑，这导致她们的气场大大减弱。实际上，唯有发自内心的真诚微笑，才能起到预期的效果，也才能增强我们的气场，修饰我们的外在表现。

世界很大，每个不同的国家、地区甚至民族之间，使用的语言都是不同的。那么，当我们只掌握一种语言，却想要行走世界，除了音乐是无国界的之外，笑容也是全世界通用的最美语言。一个满脸严肃、一本正经的人，总是使人感到内心无端地沉重，而一个满脸笑容的人，则总是能够得到其他人的欢迎和喜爱。民间有句俗话，叫作伸手不打笑脸人，实际上就告诉我们笑容的魅力。

尤其是在陌生人之间，一个微笑的人能够散发出强大的气场，而温和的笑容也会瞬间爆发出强烈的吸引力，给人形成亲和感。所以，面带笑容的人更容易赢得他人的信任和好感。那么朋友们，就让我们从现在开始嘴角上扬，面带微笑吧。相信你发自内心的真诚微笑，会融化他人心底的坚冰，也会打开他人的心扉，从而让你与他人和谐相处，享受美好的友情。当我们拥有以微笑为标志的温情气场，我们还会以此感染他人，吸引他人，从而建立良好的人际关系，拥有更多的朋友。

杰森人到中年，已经步入婚姻十八年了。然而，在十八年的时间里，尽管孩子都已经长大，但是杰森却很少对着自己的妻子微笑。每天清晨，杰森总是在困倦中起床，然后带着紧锁的眉头，匆忙地洗漱吃饭，然后奔向公司。每天离开家的时候，他都不和妻子打招呼，更不会向着妻子微笑，因而他们的婚姻生活也越来越沉闷，就连杰森自己都觉得一切无聊乏味透顶。

有一段时间，杰森因为工作需要参加了一个培训班。在培训班里，他得到老师的启迪，决定改变自己一成不变的僵硬表情，而尝试着微笑对待一切，包括周围的环境，包括自己，也包括自己的妻子和孩子。那天早晨，杰森起床洗漱之后，对正在准备早餐的妻子笑着说："早上好，亲爱的。"那一瞬间，杰森感觉到妻子的脸上似乎闪过了一丝丝惊喜，如同阳光突然拨开乌云，投射到地面上一样，清新温暖也带着些许惊奇。杰森明显感觉到妻子的话变多了，开始主动与他聊起工作上的事情，以及孩子们成长过程中的点点滴滴。

到了单位所在的大厦，杰森照例和往常一样，排在其他人身后等着上电梯。以往，每次站在这个如同长龙一样的队伍中，杰森总是感到心烦气躁，心中也会忍不住暗暗地咒骂。然而今天，他没有生气，反而面带笑容地对保安说："早上好，今天阳光明媚。"保安显然受宠若惊，赶紧对着杰森笑起来。

来到办公室里，杰森没有因为堆积如山的文件而感到烦乱，而是微笑着请秘书给自己冲泡一杯咖啡，秘书对着杰森笑了。杰森不知道怎么回事，暗暗想道：这个秘书总是表情严肃，今天这是怎么了！直到秘书微笑着给他端来咖啡，他才意识到原来自己在微笑。杰森恍然大悟，原来自己正在微笑，所以才能得到他人的微笑相对。当杰森坚持在一个星期的时间里都微笑着对待身边的每一个人时，他觉得自己人生中的阴霾完全消散了。他整日都能照射到明媚的阳光，人生也变得积极向上，从容和善。

在全世界所有的国家和民族中，笑容都是通用的语言。当我们学会微笑着生活，生活也必然回馈给我们微笑；当我们面带微笑面对身边的每一个人，他们也必然面带微笑对待我们。总而言之，微笑是人生最好的修饰，也是每个人最好的气场妆容。正如一位名人所说的，既然哭着也是一天，笑着也是一天，那么我们为何不笑着度过人生的每一天呢！

笑容不仅是绽放在我们脸上的花朵，更是绽放在我们心底的花朵，给我们和他人都带来美好的感受和体验，也让我们的一切都变得明媚起来。所以朋友们，不要再抱怨命运不公平，总是让你无法得到他人的善待。记住，当你微笑的时候，人际交往中的很多难题和尴尬的境遇都会彻底消失，因为笑容，你也必将得到生命更多的馈赠。

尤其是在人际交往过程中，我们更要学会微笑，才能得到他人的真诚回应。很多朋友都觉得得体的妆容最重要，却不知道哪怕你素面朝天，只要你有发自心底的微笑，你就会变得最明媚动人。当然，微笑的含义并不简单，在不同的人际交往场合，微笑也会表达不同的含义，起到不同的效果。而的确有些时候，是不适宜微笑的。那么也要多加注意，从而恰到好处地展现自己的笑容，也成功地打动他人的心。

## 记住他人的名字，是对他人最好的尊重

如何才能在人际关系中博得他人的好感，从而建立良好的人际关系呢？在人脉成为重要资源的今天，相信很多人都曾经为这个问题感到苦恼，也绞尽脑汁想要找到这个问题的答案。毫无疑问，讨好他人的方式有很多，但是平等的交往要建立在相互尊重的基础上，而不能仅仅凭着一味的阿谀奉承。在这种情况下，我们要想与他人之间建立平等友好的关系，也要调整好自己的心态，才能以恰到好处的方式与他人相识、相处。

作为美国大名鼎鼎的人际关系学大师，卡耐基对于如何与他人相识并且建立良好的关系有独到的心得体验。他曾经说过，要想赢得他人的好感，最直接且卓有成效的方式，就是记住他人的名字。真的这么简单吗？没错，就是这么简单。当你真正记住他人的名字，并且在再次遇到他人的时候脱口而出喊出他人的名字，你就会领略到这个方法的重要性。因为对于有些人而言，被他人记住名字，甚至比得到他人的赞美更让他们心生感动，也心花怒放。所以记住他人的名字，不但是尊重他人的表现，也是赞美他人、吸引他人的最佳方式。

作为一名保险代理人，丽娜之所以业绩始终在公司里名列前茅，最重要的就是她有一项特异功能——任何见过面的客户，丽娜总是能一口叫出客户的名字，也因此她与客户之间的关系总是非常亲昵，而且也彼此信任。

在经验分享交流会上，大家都对丽娜充满好奇，甚至有的同事当场要求丽娜坦白交代如何才能搞定客户。丽娜看到大家都很真诚地与她交流，也没有保留，而是详细告诉大家她是如何与客户相处的。原来，丽娜并非大家所想象的那样拥有超级记忆力，能做到过目不忘，而是每次与一个客户相识，她都会专门为那个客户建立档案，从而汇总客户的信息，甚至是照片。在与客户分手之后，她又当即复习客户的各种资料，最终牢牢地把客户的模样印刻在自己的脑海中，也记住了客户的名字。这样一来，等到再次与客户见面之后，她马上就能脱口叫出客户的名字，每当这时，客户总是很感动，也会平添对丽娜的信任。一旦迈过这一关，丽娜与客户的关系就会发生质的改变，这种情况下丽娜再站在客户的角度上为客户推荐保险，制订保险计划，客户就会非常信任丽娜，也愿意接受丽娜的建议，可想而知丽娜接下来的工作就像与朋友相处，自然进展顺利，事半功倍。

丽娜之所以能够赢得客户的好感和信任，就是因为她有这种“特异功能”——记住每一位客户的名字。实际上，举世闻名的拿破仑大帝，虽然叱咤风云，高高在上，但是也能记住每一位将士的名字。每当在军营中与将士们交流时，他就像对待朋友一样喊出将士的名字，显得非常亲切，也深深地打动了将士们，所以将士们才愿意追随他，也始终对他忠心耿耿，不离不弃。朋友们，想想吧，拿破仑大帝尚且如此，何况我们呢！

不管是在生活中还是在职场上，都不要把记住他人的名字看成是一件小事，更不要对此不以为然，完全不放在心上。记住，当你记住他人的名字，并且熟悉亲切地喊出他人的名字，你就等于在告诉他人，他们在你心目中占据着重要的地位，他们对你很重要。这样一来，作为回馈，他人也必然更加亲近和信任你，也更愿意与你友好相处。

回忆往昔，朋友们，你们是否经常看到一个人觉得很眼熟，但是无论如何也想不出对方的名字，因而只能看着对方干着急，无法与对方打招呼呢？还有的时候，你们会记错对方的名字，喊错对方的名字，这种情况下，只怕对方再怎么有涵养，也会对你心生不悦吧。当然，哪怕对方从未责怪你，你也会陷入尴尬之中，甚至觉得愧对对方。既然如此，就让我们想方设法记住他人的名字吧。如果没有过目不忘的好记性，那就向事例中的丽娜学习，勤于记录和复习，从而把别人的名字牢牢地记在心里。尤其是对于从事销售行业的人而言，记住客户的名字至关重要，然而又因为客户人数众多，所以难免顾此失彼，这种情况下亲手制作一份客户档案就显得尤为重要了！

# 第 10 章　说话有理有据有技巧，说服他人水到渠成

日常生活中，人与人之间的交流更像是一场博弈，尤其是职场上带有目的性的谈判或者斡旋，就更是剑拔弩张，如同一场没有硝烟的战争。在这种情况下，拥有说服他人的能力，显得尤为重要。毕竟任何交流的目的，都是表达自己的观点，了解他人的观点，而志同道合、一拍即合当然好，如果意见不统一，就只能看谁的嘴皮子更厉害，能够有理有据有技巧地说服对方了。

## 先发制人，打造强大气势

还记得林黛玉初入贾府见到贾母的时候，王熙凤出场的方式吗？当日，贾母一见到林黛玉就忍不住掉眼泪，而王熙凤因为去晚了，在所有人都庄严肃穆环绕在贾母身边时，她却未见其人，先闻其声，人还没到场，话就已经先到场了。由此不难看出王熙凤在贾府中的特殊地位，也可以看出她深得贾母的宠爱。当然，在看到贾母眼圈红红的时，她又话锋一转，说得贾母不由得转忧为喜，更加凸显出王熙凤八面玲珑的性格特征。可以说，作者对于王熙凤的出场刻画入木三分，非常成功，也给无数读者留下

了深刻的印象，更让王熙凤的形象生动起来，栩栩如生。

的确，未见其人，先闻其声，是一种非常好的先发制人的方式。能够让人在一开始就占据优势和主动。实际上，不仅与人交流可以先发制人，在说服他人的时候，也同样可以采取先发制人的方式，从而增强说服的效果，让说服事半功倍。

细心的朋友会发现，很多说服工作之所以以失败而告终，就是因为大多数人在说服他人的时候，总是被他人以各种理由和借口反驳。其实这些理由和借口未必真的能够站住脚跟，但是却会混淆视听，扰乱我们对他人开展逻辑清楚、有理有据的说服。但是倘若先发制人，就可以很好地避免这个问题，也不给他人反驳我们，或者对我们的观点和意见表示反对的机会。人们常说先下手为强，这里恰恰遵循了先下口为强的原则，让说服事半功倍。

近日，单蕾正在忙活家里装修的事情。原来，她和老公一起买的新房子下来了，是个大毛坯，屋子里没有任何设施，只能整体装修之后再入住。然而，单蕾和老公都是工薪阶层，每天都要上班，根本没有时间盯着装修的事情。因而，单蕾决定找一家大的装修公司，这样就省去了每天既要忙着上班，又要惦记着装修事宜的辛苦。

在网上对比了几家之后，单蕾选择了一家装修公司，并且决定在周末的时候先去装修公司看看。出乎意料，负责接待单蕾的设计师恰恰是单蕾的大学校友，只不过不是同系而已。在考察公司情况觉得还不错之后，单蕾先发制人：“刘设计师，你看，我们都是大学校友，能够在此时相逢也是有缘分。我呢，也不是个磨叽的人，我看你也是个痛快人。这样吧，我今天就想把装修的事情定下来，毕竟平时工作忙，也根本没时间来回折腾。不过价格方面，其实再等一段时间就是‘双十一’，不过我想早点儿装修，你看看是否可以给我申请个你权限范围内最优惠的价格。当然了，你放心，我的同学同事很多都在买房子，陆陆续续装修，所以咱们之间的合作肯定不是一锤子买卖的。”听到单蕾的话，刘设计师也不知道该说什么好，只好老老实实给单蕾交了底：“‘双十一’的优惠，顶多也就能得到九折。如果你今天能定，我现在就去找老总申请下吧！”听到这个折扣，单蕾显然很满意。就这样，她一次搞定装修的事情，再也不为装修烦恼了。

实际上，很多人在购买商品或者服务的时候，都会针对价格与销售人员展开拉锯战。然而，单蕾非常聪明，她先发制人，一下子就把很多话都说到位了，也让作为校友的刘设计师无话可说，因而只好乖乖地向她交底，再去找老总给她申请优惠。其实，单蕾砍价的时候正是遵循了先发制人的原则，她把好话坏话交叉着说出来，甚至也说出了应对设计师反驳的话，因而把设计师说得哑口无言，都不知道应该找怎样的借口和理由回绝单蕾的请求了。

当然，先下口为强的说话策略未必适用于所有的场合。毕竟，先下口为强带着强势的意味，所以在与职位和地位都比自己高的人交流时，并不适合使用这个策略。当然，这里的强势也并非逼迫对方，而是在对方能够接受的极限之内，为自己争取最大的利益。前提就是让对方觉得勉强可以接受，这样才能达到预期的目的，否则如果先下口为强使对方觉得被胁迫，甚至无利可图，那么对方当然不会同意。

总而言之，生活中的说服并非辩论赛那样需要开展唇枪舌剑，也不会按照程序分为几辩。所以如果在对说服对象比较了解的情况下，也是可以先发制人，开门见山把该说的话都说出来的。这样一来，等待对方认同的过程中，我们可以根据情况进行及时的弥补，或者根据对方的反应调整自己的策略，从而赢得更大的胜算。总而言之，既然是以语言进行博弈，总是要有胜负之分，那么我们与其被动，就不如占据主动，从而在气势上占据优势，也提高说服的效率，更加卓有成效地说服他人。

## 到位的自我介绍，为你的气场加分

与陌生人初次见面，一定要进行自我介绍。有的时候，去公司参加公开面试，也要当着面试官和很多求职者的面进行自我介绍。总而言之，在现代社会，尤其是在职场上，自我介绍的机会很多，一个人要想给他人留下好印象，让自己与他人之间的相处更加顺利进行，就必须学会恰到好处地进行自我介绍。

常言道，凡事皆有度，过犹不及。自我介绍也是如此，自我介绍过于冗长，未免让人听起来心生厌烦，而如果自我介绍过于精简，又无法介绍清楚关于我们自身的信息。那么，到底把自我介绍控制在怎样的程度，才能恰到好处、准确到位呢？这是个技术活。

日常交往中，自我介绍是我们与陌生人之间建立联系，打开人际交往良好开端的必经之路。也许自我介绍会频繁用到，也许自我介绍很长时间里也用不到一次，但是无论如何，作为现代人，都要做好自我介绍。对于很多从事推销工作的人而言，因为经常要拜访陌生的客户，那么可以给自己做一个自我介绍的模板，从而在不同的场合面对不同的客户时略加改动，这样用起来会非常方便。即使对于不常用到自我介绍的人，也说不定哪天自我介绍就会派上大用场，所以也要未雨绸缪，先准备好作自我介绍，从而争取给对方留下良好的第一印象。前文说过，首因效应对人的影响很大，一旦第一印象搞砸了，那么未来的相处就会面临重重阻碍和困难。因而明智的朋友非常重视自我介绍，也愿意通过良好的自我介绍给自己加分，给他人留下好印象，从而拓展自己的人脉资源，帮助自己获得成功。

有人说，学历在现代职场就是一块敲门砖，虽然不能代表一个人真正的能力和水平，但是如果没有学习，应聘者就无法得到面试的机会，更没有可能获得心仪的工作。从某种意义上说，自我介绍也像是人际相处的敲门砖，唯有恰到好处地进行自我介绍，才能赢得对方的好感，从而得到更多的机会在对方面前展示自己，获得对方的认可和赞许。而一旦自我介绍搞砸了，对方对我们留下恶劣的印象，就再也不会给我们机会表现自己了，对于我们而言，可谓损失惨重。

在有计划地与陌生人见面之前，其实可以提前准备好自我介绍。例如，参加面试或者参加相亲活动，都可以有针对性和有侧重点地准备自我介绍，做到有备无患，有的放矢。如果提前知道面试者或者相亲对象的相关资料，还可以根据他们的特点调整自我介绍的策略，从而让自我介绍起到最好的效果。总而言之，能打有准备之仗，就不要打无准备之仗，毕竟很多机会转瞬即逝，如果不多多用心，是很难切实抓住的。

对于自我介绍，很多人都不以为然，觉得不就是说说自己的基本情况，介绍自己的相关资料吗！其实不然。自我介绍看似简单，实际上暗藏玄机。很多应聘经验丰富的朋友会知道，大多数公司在举行面试时，都会先要求应聘者进行自我介绍。这个时候，哪怕对方说是进行简单的自我介绍，我们也决不能掉以轻心。在自我介绍的寥寥数语中，对方往往能够得到你的很多有效信息，也对你形成初步的认知。因而自我介绍从某种程度上与应聘的成功与否密切相关，必须慎重对待。

刘峰刚刚研究生毕业，正在四处奔波找工作。他对自己很有信心，也相信凭着自己的学历和能力，一定会找到很好的工作。然而，一个多月下来，健谈的刘峰非但没有找到合适的工作，反而还几次遭到拒绝。刘峰不知道问题出在哪里，因而郁郁寡欢。一天，刘峰偶然遇到同一个大学毕业的师哥，便说起这个困扰自己的问题。师哥到底是过来人，一下子找到问题的症结所在："你的自我介绍准备得怎么样？""准备？"刘峰有些惊讶地反问，"自我介绍还需要准备吗？我对自己的情况这么了解，通常是现场发挥。""那么，你都是怎么发挥的呢？"刘峰想了想，告诉师哥："通常，面试官让我先简单说说自己的情况，我就三言两语说说自己的基本信息，然后再介绍下自己在学校里的情况。"师哥一拍脑门："难怪你总是面试通不过呢，就是因为你的自我介绍太随意啦！你啊，还是缺少经验，面试官让你随便说说你就随便说说，其实，面试官会从你的自我介绍里搜集到很多重要的信息，如果你态度不端正，就会马失前蹄。"

刘峰这才意识到问题的严重性，赶紧问师哥："那么，我到底应该怎么说呢？自我介绍不就是个人的基本信息吗？"师哥一本正经地说："基本信息只是自我介绍中最基本的内容，实际上，面试官是想听听你对公司事前有没有进行了解，对于自己的职业生涯有怎样的规划，能否长期在公司脚踏实地地干下去等重要的信息。"刘峰恍然大悟："啊，自我介绍里要有这么多重要的内容啊，看来我之前的自我介绍全都是失败的。"

硬件条件过硬的刘峰，自信满满地四处找工作，就因为自我介绍不过关，导致他接连碰壁，后来还是师哥为他指出了问题所在。人在职场，尤其是对于很多正在找工作的应届大学毕业生而言，很容易犯与此类似的错误。他们总觉得只要自己有学历，有能力，就一定会找到好工作。殊不知，大学生已经不再像几十年前那么少见，尤其是如今每年都有很多大学生毕业，也因此大学生遍地都是，所以用人单位不但要找有学历的大学生，更要找有实力的大学生。那么面试的过程那么短暂，如何向面试官展示自己的实力呢？就要通过自我介绍，通过与面试官之间面对面的沟通，才能把自己展示给面试官，也让面试官更加了解自己。实际上，如果能在面试过程中赢得面试官的好感，面试就相当于成功了一半。

明智的朋友不会因为自我介绍非常短暂，就轻视自我介绍。相反，越是短暂的语言表达，越要非常精练，也要起到预期的效果。此外，除了面试的自我介绍是制定时间与地点之外，如果是在随意的场合与陌生人相识，那么还要审时度势，根据实际情况决定自我介绍时间的长短、包含哪些内容等。此外，自我介绍还要尽量口语化，还要有自己的特色，从而与其他人的自我介绍区别开来，给他人留下深刻的印象。总而言之，人际相处是复杂的过程，唯有做好每一个小小的细节，才能获得整体的成功。而又因为我们面对的交往对象总是不同的，所以我们在进行自我介绍时还要考虑不同交往对象的特点，有的放矢，事半功倍。

## 要想超群脱俗，就要拥有强大气场

曾经，人们最爱说的一句话就是，是金子总会发光的，也以此安慰自己只要埋头苦干，总有一天作为千里马会被伯乐发现，作为金子会闪闪发光。实际上，酒香不怕巷子深的时代已经成为过去式，一个人哪怕非常优秀，也不能盲目地等待伯乐的赏识，而是要积极主动表现出自己的优秀，从而才能让自己进入他人的视野，得到他人的认可与赏识。同样的道理，如今的企业也更加注重对产品的推广，甚至为了推广产品，而不得不绞尽脑汁，采取各种手段。当然，每个人最大的产品就是自己，唯有把自己推销出去，才会有好的发展前景，也才会有更为广阔的人生空间。

现代社会竞争激烈，信息传递速度很快，所以每个人都要加快速度把自己推销出去，也要加快速度把自己的产品推销出去，从而才能强占市场。从本质上而言，推销的过程就是说服客户购买产品，说服用人单位聘用自己的过程，归根结底还是语言上的博弈，更是心理上的较量。既然如此，我们在展开推销之前，就一定要打造自身的强大气场，从而让自己看起来不可战胜，也能够得到他人的认可与赏识，最终成功地说服他人，达成自己的预期目的。作为企业，要打造企业的品牌形象，提高企业的知名度，从而迅速扩大市场，占领市场。对于个人而言，要拥有自己的特色，也彰显自己的能力和实力，从而得到用人单位的认可，为自己找到发展的平台。

曾经，有两家生产鞋子的公司都派人去非洲开拓市场。第一家公司的推销员到了非洲，看到非洲人全都赤裸着双脚，根本不穿鞋子，不由得万分沮丧，马上就打道回府，放弃了开拓非洲市场。而第二家公司的推销员到了非洲之后，看到非洲人都不穿鞋子，不由得激动万分。他暗暗想道：太好了，非洲人居然不穿鞋子，哪怕一个人只买一双鞋子，这也是一个无比巨大的市场啊！为此，他当即决定留在非洲，开拓市场。最终，他获得了成功，成为第一个把鞋子卖给非洲人的推销员。从这两个推销员的事例中我们不难看出，一个人要想获得成功，要想卓尔不群，就必须拥有强大的气场，从而才能首先说服自己，然后说服他人，最终获得成功。所以不怕你做不到，就怕你想不到，更怕你想到了却没有勇气去做。

在美国，有一个出版商因为决策不当，导致大批图书都积压在手中，无法销售出去。因为这批图书占用了他大量资金，所以他很着急，恨不得马上想办法缓解困境。他整日都在绞尽脑汁地想办法，最后终于脑中灵光一闪。他决定赠送一本书给总统，然后让总统为这本书提意见。

然而，总统实在太忙了，每天都日理万机，根本无法抽出时间来读这本书。又因为出版商总是给总统去电话，征求意见，总统为了敷衍了事，只要随口说道：“不错，不错！”这恰恰是出版商想从总统那里得到的金口玉言，听到总统说这句话之后，出版商马上投入大量资金开始宣传图书。他在很多宣传的场合都告诉人们“总统说这本书不错”，可想而知，人们一听到总统都给予这本书这么高的评价，因而蜂拥而至，很快就把出版商滞销的图书抢购一空。

后来，出版商又有一本书滞销了，为此他又打起总统的主意，想要再利用总统的影响力销售图书。不想，总统上次无意间被出版商利用正耿耿于怀呢，为此这次总统不假思索地回答：“这本书很糟糕。”让总统惊讶的是，出版商毫不生气，仿佛又得到了总统的金口玉言一样，马上又利用总统的话展开宣传：“总统说这本书很糟糕。”结果，民众很好奇，到底是一本怎样的书会让总统厌恶至极，给出很糟糕的评语，为此民众依然把这本书抢购一空。

等到总统第三次收到出版商赠送的书时，已经有了丰富的经验应对狡猾的出版商，因而他什么都不说，始终保持缄默。没想到，这次出版商根本不想问总统的意见，直接就以“一本总统都无法做出评价的书”为宣传标语，可想而知，第三本书也脱销了。聪明的出版商，利用总统的影响力，为自己赚了个盆满钵满。

有人说这位出版商有好运气，有人说这位出版商胆子真大，居然敢以总统的名义做文章，也有人说出版商完全出于侥幸。实际上，出版商既不是好运气，也不是胆子大，更不是侥幸，而是因为他有勇有谋，很善于打造自身的强大气场。而他打造自身气场的方式，就是赠送图书给总统，还追着总统要意见。试想，如果换了一位出版商，谁敢把滞销的书赠送给总统呢，谁又敢追着总统要读书的意见呢！这位出版商做到了，把自己的书送给总统读，已经表现出这位出版商的强大气场，甚至让总统也对他刮目相看。

现代社会，很多人都善于利用专家的权威效应和名人的轰动效应。诸如一些厂家在给产品做广告的时候，会请相关领域的专家针对产品向公众做出说明。再如，一些生产日常用品的厂家也会请明星来给产品做代言。这些宣传策略，都是在利用名人效应，从而提高产品的可信度，打造企业和产品的强大气场。总而言之，不管你想推出的是自己，还是实实在在的产品，都要掌握营销的策略，先造势，然后才能让推广和营销工作顺利进行。

## 相信自己，才能让他人相信你

一个人如果连自己都不相信自己，还有什么资格赢得他人的信任呢？偏偏在现实生活中，很多人都不相信自己，却强求他人的信任，不得不说，这正是生活的怪相。尤其是在说服他人的过程中，一个人必须具有超强的自信，才能成功地说服他人。否则，一个人连自己都说服不了，如何说出强有力的话成功地征服他人，说服他人呢？换而言之，说服者必须首先坚定地相信自己的观点，相信自己的话，才能把这种信心传递给被说服者，也才能成功说服被说服者。否则，当说服者犹豫不决，说起话来没有充分的信心，那么他们非但无法说服别人，反而还有可能被别人说服。

举个最简单的例子而言，作为一名推销员，一定要相信自己的产品，才能满怀底气地把产品推销出去。否则，如果推销员自己都不相信自己的产品，又如何能够信誓旦旦地向客户说出产品的好处呢！再如，就像演员演戏，一定要全身心投入，进入戏中，才能感动自己，也才能感动观众。否则，如果演员自己都在戏外，只依靠演技而非真情实感来展示给观众，那么观众心明眼亮，也是不会受到感动的。所以在娱乐圈也有个非常有趣的现象，有些异性的演员在一起演戏之后，就真的陷入爱河中无法自拔，最终选择了在一起。例如，韩国知名演员宋慧乔和宋仲基，就举行了“双宋”婚礼，也真的如同他们的粉丝所期待的那样在一起了。由此可见，他信力的基础就是自信，唯有自信，才能得到他信。

当然，说服对象也并非一语不发，很多时候我们说服他人，却被他人的有理有据说得哑口无言，最终导致本末倒置，自己反而被他人说服了。所以在说服他人之前，我们除了相信自己，还要做到意念坚定才行。民间有句俗话，叫作刀子嘴豆腐心，用来形容一个人说起话来铿锵有力，看似句句都如同刀子，实际上他们的内心很柔软。要想做好说服工作，恰恰应该与此相反，即要有一颗“刀子心”。所谓刀子心，就是要意念坚定，绝不动摇，至于刀子心是用刀子嘴还是用豆腐嘴来表达，就要根据实际情况来决定了。

需要注意的是，要想说服他人，一定要对他人动之以情晓之以理，千万不要强迫他人。所谓强扭的瓜不甜，任何情况下，强迫他人都不能使他人心服口服，唯有给予他人主动回旋的空间和余地，让他人自己想明白了，他人才会接纳我们的意见，也对我们更加信服。否则一味地靠着强势勉强他人改变或者屈服，是无法起到说服效果的，反而会导致对方对我们心生反感，事与愿违。

雨荷已经大学毕业了，正在面临择业问题。因为雨荷的父母中年得女，所以他们已经六十多岁了。面对着雨荷的去留，年迈的爸爸妈妈无法让雨荷自主选择，毕竟他们年事已高，也的确需要人照顾了。然而，雨荷是年轻人，很希望去到遥远的大城市锻炼自己，也放飞自己。为此，雨荷与爸爸妈妈之间产生了分歧，一直无法得到解决。

眼看着雨荷已经大学毕业一个多月了，爸爸妈妈的心始终悬着，还找了一些亲戚朋友来做雨荷的工作。雨荷都不为所动，她坚定不移想按照自己的意愿生活。正当雨荷准备收拾行李出发去大城市时，从小与雨荷关系就很好的表姐来了。雨荷马上沉下脸，说："表姐，我这几天就出发了，你不是来当说客的吧？要是你想说服我改变主意，就不要白费力气了。"表姐笑着说："我当然是支持你的。你看，我大学毕业之后不是也去了上海吗。大城市就是好，和咱们这里不一样。咱们这里，就算是省会城市，也根本比不上大城市的一半好啊。"雨荷这才想起来现在不年不节的，表姐为何回家了呢，她可是一直在上海工作啊。表姐似乎看出雨荷的困惑，因而说："你舅妈生病了，所以我才回来的。"雨荷大吃一惊："舅妈怎么了？"表姐无奈地说："糖尿病，高血压，还有冠心病。你看看，你舅舅也是病恹恹的，家里根本缺不了人。所以趁着我还没有在上海安家落户，我就决定回来了。"雨荷表现出惋惜的表情，表姐无奈地笑了笑："人老了，身体真是大不如前。前几年，我爸妈才五十多岁，就像年轻人一样，还经常坐十几个小时的火车去上海看我呢！幸好我没有听他们的话赶紧找个男朋友结婚，否则现在可就想回也回不来了！如今我还是单身一人，所以还算自由。可惜了我这几年在公司的拼搏奋斗，一下子全都付诸东流了。”表姐的话让雨荷陷入沉思，舅舅舅妈的年纪其实比雨荷的爸妈还小几岁，但是身体已经这么差，雨荷不敢想象爸妈未来的身体状况如何，更难以想象自己像表姐这样两头奔波，最终不得不放弃辛苦努力获得的一切，再次回到原点的感觉。思来想去，雨荷决定还是留在自己城市，然后把爸妈也接过去一起生活，这样至少不用背井离乡，也少了几年后为了照顾父母不得不回到家乡从头开始的风险。

表姐其实就是来劝说雨荷的，只不过表姐并没有像其他人那样都说些大道理，而是把自己的亲身经历讲给雨荷听，让雨荷自己做出选择。这样，雨荷对于自己经过思考心甘情愿做出的选择，当然不会心生抵触，也不会感到很排斥和抗拒。不得不说，表姐的说服简直出神入化，诲人无形。

每个人在生活和工作中，都需要说服他人。不管是作为领导说服下属，还是作为父母说服子女，一味地采取高压政策是不可取的，唯有相信自己，再加上高强的说服策略和技巧，才能不知不觉中说服他人，也会起到预期的效果。

## 引导对方肯定回答，对方才对你心服口服

一个真正高明的说服者，不会在一开始的时候就与说服对象谈论有分歧或者容易激烈争辩的事情，因为他们很清楚，一旦奠定不好的基调，后续的交谈就会进展艰难。要想成功说服对方，说服者首先要表明自己的立场，即自己与他人的立场和意见是一致的，只是着眼点不同而已。这样能够放松对方的紧张心态，从而使对方对于说服者不那么抗拒和抵触。

如果说服者的能力很强，或者说服的情境合适，那么说服者一开始就要尽量引导被说服者做出肯定的回答，如“是”。这样一来，被说服者渐渐地就会形成惯性思维，习惯于说“是”，也让接下来的说服工作水到渠成。与此相反，说服者要尽量避免给对方机会说“不”。否则，这个“不”字就会变成交谈的阻碍，使得交谈根本无法顺利展开。这是因为大多数人在给出他人否定的回答之后，为了让自己前后言行一致，也为了维护自己的尊严，他们总是硬着头皮坚持到底，哪怕后来意识到自己说“不”是错误的，也不愿意改变。这样的坚持只是为了维护自身的尊严，而不是坚持真理的表现。所以在说服他人的过程中，我们一定要从一开始就引导对方做出肯定的回答，否则一旦对方表示否定，后续的说服工作就会进展艰难。

作为一名发动机推销员，吉米的工作就是向自己负责区域内的一些工厂推销发动机。吉米的推销工作做得不错，区域内大多数工厂都已经从他这里购买了发动机，成为他的忠实老客户，而且前些日子，吉米经过三年

的努力推销，还成功把发动机推销给一家此前没有合作过的工厂。对此，吉米觉得很高兴，因为他认为自己不是搞定了一个客户，而是攻克了一个堡垒，要知道这个工厂此前一直非常抵触吉米的推销。

然而，才把发动机卖给这家工厂没几天，工厂里的工程师就怒气冲冲打来电话，说以后再也不愿意和吉米合作，并且再也不会购买吉米的发动机了。吉米对于自己的发动机很有信心，他非常确定一定不是发动机出现了质量问题，同时他也很困惑，到底是哪里出了问题让工程师如此生气呢？

吉米马上放下手里的工作，赶到工厂了解情况。工程师告诉吉米：“你的发动机简直烫死人了，手都不能碰，一碰就被烫伤。”吉米愣住了，发动机都会发烫的啊，尤其是在室温原本过高的工厂里。但是看到工程师的情绪这么激动，他知道必须避免刺激工程师，因而他灵机一动，马上对工程师的话表示认可：“的确，发动机是很烫的，如果已经把你烫伤了，我觉得你应该马上停止使用。我想问问你，您这里有温度符合国家标准的发动机吗？”工程师点点头，说：“当然有。”吉米接着问：“国家规定，发动机的温度只能比室温高出二十摄氏度。您知道这条规定吗？”工程师又点点头：“是的，只能比室温高出二十摄氏度。但是，你们的发动机温度可不止高出二十摄氏度啊！”吉米没有和工程师争辩，而是话锋一转，问工程师：“请问，你们车间里的温度大概是多少摄氏度呢？”工程师不假思索地回答：“三十二三摄氏度吧！”吉米说：“三十二三摄氏度，再加上二十二摄氏度，这样一来，发动机的温度大概在五十五摄氏度。我想，不管在什么情况下，五十五摄氏度的温度都会让人感到烫手的。我建议您以后不要再把手放到发动机上，可以吗？”工程师无话可说，点了点头，说：“我是不小心才把手放到发动机上的，以后我会注意的。”就这样，吉米圆满解决了问题，没过多久，这家工厂又从吉米处订购了好几台发动机。

在这个事例中，吉米之所以能够成功解决问题，就在于他采取了说服的心理学策略，从而避开工程师的怒气，转而向工程师提出问题，一步一步让工程师给他肯定的回答，最终吉米才能做到成功说服工程师，也让工程师心服口服，所以这家工厂又再次从吉米处订购发动机。

人与人的交谈是有惯性的，实际上这也是潜意识的作用。当给予他人肯定的回答，为了让自己的形象前后保持一致，人们往往不会再采取否定的回答，从而破坏自己的形象，也给对方带来困扰。所以在说服工作开始展开之初，就要避免引起对方否定的回答，从而使得谈话陷入错误的基调。由此可见，要想成功说服他人，让对方接二连三地点头称是，非常重要。作为说服者，要首先适当转移对方的注意力，尤其是以提问的方式让对方转换思路，并且得到对方肯定的回答，这是最重要的，也能最大限度地控制说服的结果，让说服实现预期的效果。

# 第11章　巧妙发挥气场的力量，让人生潜力无穷

气场的力量是非常强大的，假如能够正确发挥气场的力量，那么就能增强我们的实力，让我们在人生中获得更大的成功。气场对于生活的方方面面都产生影响力，诸如高尚的品质、坚强的毅力、待人友好、爱岗敬业等，都会对增强气场起到作用。既然如此，我们就要从各个方面增强气场，也在生活和工作中发挥气场的巨大力量，从而让自己拥有更多的软实力，也获得更好的发展。

## 干一行爱一行，必然有不俗的表现

爱一行干一行是幸运的，因为如今的职场上有很多人从事的都是与自己的兴趣爱好不相干的工作，一旦工作中遇到挫折和磨难，他们必然会对工作心生厌倦，自然也无法打起精神来渡过工作中的难关。实际上，反过来想，既然我们无法改变客观存在的外部环境，那么我们可以改变自己对工作的喜爱程度，把爱一行干一行，变成干一行爱一行，从而使自己对工作充满热情和激情，也最终有与众不同的良好表现。

尤其对于工作，很多负责人力资源的朋友都知道，用人单位固然想

找到既有能力又对工作满怀热情、爱岗敬业的人才，但是如果员工能力平平，但是却非常热爱本职工作，而且对本职工作尽心尽力，那么他们同样能得到上司和领导的认可与赏识。这是因为，一个人哪怕没有一流的能力，但只要敬畏工作，全心全意投入工作，那么他们依然能够把工作做得很好，也得到人们的一致好评。总而言之，一个人的工作能力只要不是很差，再加上爱岗敬业，就能把工作做好。但是如果一个人没有基本的职业道德和素养，哪怕他能力超强，也不能成为一个称职的工作者。

作为一名员工，当他全身心投入工作时，必然在上司与领导心目中有最好的形象。尤其是现代社会，一个萝卜一个坑，每个岗位的工作量都很大，工作任务都很重，再也没有用人单位愿意养闲人，而使工作的效率大大降低。所以作为职场人士要想拥有强大的气场，就要干一行爱一行，从而提升自己的职业形象，让自己在工作上有不俗的表现。当得到上司的认可和赏识，也得到同事的钦佩时，我们在职业生涯发展中必然更加顺利。

作为香港首富，李嘉诚出生在一个贫苦的家庭中。因为家中经济条件窘迫，他不得不小小年纪就辍学，从而肩负起养家糊口的重任。刚开始的时候，李嘉诚在一家茶楼当服务员，每天清晨天不亮就要起床，早早地赶去茶楼，为客人们准备茶水和点心。茶楼里的工作时间很长，至少达到十五个小时，又因为李嘉诚只是一个跑堂的，所以哪怕其他的工作人员已经休息了，他也不能休息，要继续留在茶楼里随时等待客人上门。每天晚上，往往已经到深夜了，李嘉诚才能带着满身的疲惫回家休息。困倦不已的他，当时最大的心愿就是能睡到自然醒，把觉睡饱了。

虽然这么辛苦，李嘉诚对待工作却始终认真勤勉，从来不敢有片刻松懈。他每天都定好闹钟，为了第一个赶去茶楼，他还故意把闹钟提前定了十分钟。李嘉诚一直始终保持着这个好习惯，他的时间总是比别人快十分钟。也为此，那些与李嘉诚有商业合伙的伙伴们，都对李嘉诚交口称赞，敬佩不已。

有了在茶楼里工作的经历，李嘉诚渐渐变得人情练达，也被苦难的生活逼迫得更加努力，因为他强烈地想要改变生活的现状。十七岁那年，李嘉诚结束了在茶楼的工作，去了一家塑胶厂当推销员。推销员的工作依然是跑来跑去，只不过推销员跑动的范围更广。众所周知，推销员的工作很辛苦，也有很大的压力，为了提升销售业绩，李嘉诚每时每刻都在动脑筋，想办法赢得客户的认可和信任。就这样，他的销售业绩越来越好，才工作了两年多，就被提升为塑胶厂的销售经理。不得不说，李嘉诚已经初步实现了改变命运的愿望，他年轻有为，而且开始在行业内崭露锋芒。从此之后，李嘉诚正式步入商海，开始了几十年的辛苦打拼，最终事业有成，成为香港首屈一指的大富豪。

对于小小年纪就不得不辍学养家糊口的李嘉诚而言，他没有什么工作经验，甚至还没有完全长大成人，那么他要想在职场上站稳脚跟，哪怕只是保住一份茶馆里跑堂的工作，也必须要非常勤奋、认真和努力。也许有些朋友会说，现代职场已经不需要埋头苦干的老黄牛了，的确，这是一个讲究自我推销的时代，然而并不意味着老黄牛的敬业精神不值得推崇。只不过，作为新时代的老黄牛，我们在努力工作之后，要把自己的工作业绩展示给老板看，这样才能得到老板的认可和赏识，也才能让自己的职业生涯发展得更加顺遂如意。

人在职场上，认真勤奋地工作，爱岗敬业，才能形成强大的气场。任何老板，都喜欢那些辛辛苦苦工作的员工，也许敬业不能在短时间内让我们得到晋升和提拔，但是日久天长，却会让同事和老板感受到我们对待工作的积极气场，从而对我们刮目相看。所以朋友们，初入职场，不要对得到多少斤斤计较，只要努力认真地去做，把自己该做的本职工作做好，要相信你一定会得到丰厚的回报。

## 找到最适合自身气场的平台

很久很久以前，有个地方长满了梧桐树。有两只凤凰飞过那里，看到当地的百姓都很善良，而且梧桐树林也长势茂盛，因而决定留下来，就栖息在梧桐树上生活。然而，没过多久，有一条蟒蛇也来到当地，感受到危险的凤凰只好飞走了。当地的百姓和梧桐树都非常想念凤凰，而凤凰也没有再找到更好的栖息地，无奈之下，凤凰只好飞回来，再次回到梧桐树上生活。渐渐地，人们就以这个事例总结出一个成语，叫作凤栖梧桐。有很多人都感到奇怪，为何凤凰一定要栖息在梧桐树上，而不选择其他的树作为自己的栖息之地呢？其实，原因很简单，不管是凤凰还是梧桐，都是“王”。凤凰是百鸟之王，梧桐是树中之王。因而，凤凰与梧桐的身份同样高贵，而且气场也相互融合，所以凤凰才会栖息在梧桐之上。

当然，凤栖梧桐的典故只是一个传说，而且凤凰在现实世界中是否真的存在，也尚待考证。然而，气场却是真实存在的，凤栖梧桐的故事也告诉我们，唯有气场相容，才能和谐共存，也才能相互促进。现代社会的生活中，很多人都为无法找到合适的工作而感到烦恼。的确，找工作绝非是简单地考量客观因素，而且作为员工，还必须找到适合自身气场的工作作为平台，才能得到更好的发展。否则，一旦气场不相容，就无法获得广阔的发展空间，更无法实现自身的价值。

那么，到底如何才能找到最适合自身气场的平台呢？首先，我们要理解自己的气场。正如一位名人所说，这个世界上绝没有两片完全相同的树叶，同样的道理，这个世界上也绝没有两个完全相同的人。每个人都是这个世界上独一无二的个体，每个人的气场自然也完全不同。很多朋友都有这样的感触，即在进入一个陌生的环境中之后，往往觉得很不自在，而且需要很长时间作为适应阶段，才能融入。这就是气场不相容的表现。当然，这样的气场不相容是暂时的，是因为陌生导致的生疏感，只要经过一段时间的熟悉和适应，情况就会渐渐好转。与此相反，如果经过一段时间的相处气场还是不相容，那么就要想一想自己是否在这家公司工作了。例如，有的公司的企业文化和价值观与员工的价值观与人生观不相符，那么气场必然相互冲突，不能相容。还有的人性格内向，偏偏要去从事销售行业，连话都不爱说的人，如何能够做好销售呢？

当然，寻找一个与自己的气场相符合的平台，对于刚刚毕业的应届大学生而言，也许并不是一件简单容易的事情。归根结底，大学生面对着生存的压力，急需要一份工作来养活自己，所以很少有机会去慢慢地寻找。

其实，大学生仓促找工作也是很正常的，需要注意的是，在工作的过程中，大学生的气场也会得到塑造和成形，因而在进行第二次选择工作时，一定要多多注意。总而言之，唯有平台的气场与自身的气场相容，我们才能得到更好的发展，也才有更加广阔的职业前景。

大学毕业后，玛丽找到了两份工作，一份工作是自己喜欢的，但是薪水比较低，而且公司规模小。但是玛丽一去到这家新开的公司，就觉得很熟悉很喜欢，甚至她与老板也一见如故，相谈甚欢。第二家公司规模很大，实力很强，给出的薪水也很高，但是玛丽不喜欢公司里冷冰冰的工作气氛，也觉得上司很难亲近和相处。思来想去，玛丽无法定夺，她既想得到高薪，也想在自己喜欢的公司里工作。

最终，玛丽决定选择自己喜欢的公司工作，哪怕薪水低一些，但是每天心情愉悦地工作，而且随着公司的发展，他们这些“元老”应该也能得到好的待遇。就这样，玛丽去了那家小公司，与同事相处良好，与老板也很投缘。在大家齐心协力的努力下，公司发展得越来越好，玛丽也如愿以偿得到升职加薪，如今她更喜欢现在的公司了。

很多人找工作的时候，一味地考虑薪水报酬等，而丝毫没有考虑自己与这份工作是否气场相容。有的时候，哪怕公司的平台再好，薪水和福利待遇再高，如果气场不能彼此相容，也会导致发展不顺利。所以找工作时也要综合考虑和权衡，而不要总是只盯着某一个方面看，从而顾此失彼，最终无法做出最明智果断的选择。

在房地产炙手可热的今天，很多人都对地产大佬潘石屹的名号如雷贯耳。然而，很少有人知道潘石屹原本是从中国石油管道学院毕业的，而且有一份非常稳定的工作。但是他很不安分，也不愿意一辈子就在办公桌前度过。为此，他毅然决然辞掉稳定的工作，丢掉了大多数人眼中的铁饭碗，然后带着自己所有的积蓄去了广东打拼。后来，潘石屹在海南与朋友一起合伙成立公司，从此之后开始挖掘人生中的第一桶金，也创造了自己辉煌的人生。

正如人们常说的，鞋子是否合脚，只有脚知道。不管面对人生中怎样的诱惑，我们都要坚持一个原则，即适合自己的才是最好的。否则，如果一味地急功近利，总是盯着利益看，那么自然会错过最适合自己的平台，也导致追悔莫及。

现代职场，很多职场人士在工作一段时间之后，都会进行二次选择。这是因为随着工作的推进，他们各方面的能力都得以发展，自然也就觉得之前的平台太小，或者与公司的发展理念不相融合，所以必须为自己寻找新的出路。以形象的说法来说，就像是一条小鱼在小小的鱼缸里渐渐长大，觉得鱼缸不适合自己了，就换一个更大的鱼缸。如果觉得更大的鱼缸也不适合自己了，那么就再次更换。换工作跳槽，也正是这样的道理。当然，也不能盲目地放弃一份工作，尤其是在第二份工作之后，因为各方面日趋成熟，所以更要慎重选择，毕竟每次换工作对于自己而言既是新的机会，也意味着之前的积累全都损失了。

## 与气场相容的同事合作，必然事半功倍

当遇到志同道合、志趣相投的人时，人们总是谈笑风生，甚至相见恨晚。而如果与自己身边的人在思想、观念、意识等层面都不相容，那么就会感到如坐针毡，甚至连一句话都不想再多说了。这就是人与人之间的气场相容，能让人际关系进入良性发展，而如果人与人之间气场不相容，那么就会导致针锋相对，彼此之间不能和谐融洽地相处。尤其是在职场上，众所周知，除了上司与老板之外，还要与同事之间搞好关系。那么遇到气场相容的同事，无疑是职场人士的一大幸运，也会让工作上的合作与配合水到渠成，事半功倍。与此相反，如果与同事的气场不相容，那么就会阻碍工作的开展，甚至影响个人发展。

因而作为职场人士，不但要选择一份好工作，而且要选择好同事。所谓好同事，并没有唯一的标准，而在于各种观点和思想，以及工作的习惯等都能配合默契，彼此的气场也能相容。尤其是现代社会的职场，更加讲究团队合作，所以同事之间的密切配合就显得尤为重要。

2017年的“双十一”，天猫创下1600亿元的销售额，简直逆天了。如今，懂得网购的人几乎没人不知道马云的大名，马云创造了网络购物的奇迹，也带着全民走入了网络购物的新时代。马云是如何获得成功的呢？除了机遇之外，他还有什么？

1999年春节刚过，十八个人聚集在杭州一个叫湖畔花园小区的一套住宅中，正在召开动员大会。这套住宅看起来简陋至极，除了一张破沙发

之外，几乎没有任何其他的摆设。沙发上坐不下十八个人，所以有的人直接席地而坐。而马云，则站在这些人中间，进行了为时两个小时的精彩演讲。之所以说这是一次精彩的演讲，是因为当时在场的彭蕾说，马云整整两个小时中始终一个人在讲，他非常激动，手舞足蹈，说要创办在全世界都规模最大的互联网公司。而在座的每一个人都不知所云，时不时地还会对马云的奇思怪想翻白眼。然而，不管他们最终是否理解了马云的高瞻远瞩，他们都无一例外地支持马云。为了让十八个人全都加入，拧成一股绳，公司的五十万元启动资金是十八个人一起凑的。他们还当即分配了股权，并且各自签字。

做完这一切，马云让每个人把自己手中的简易股权书都拿回家放起来，不要再看。他不想让大家都白日做梦，导致陷入幻想之中，而不懂得务实。所以，十八个人从此之后的很长一段时间里都各自拿着五百元工资，住在湖畔花园附近租来的住所中。还有的人因为经济困窘，索性租住在农民的小平房里，每天只吃三元钱的盒饭。这十八个人经历了很多的艰难，却始终不离不弃，为了共同的梦想而努力奋斗。随着阿里巴巴的崛起，人们称他们为十八罗汉。十年磨一剑，十年之后，这家互联网公司正式上市，仅仅一天的时间，市值就超过200亿美元。从那一刻起，十八罗汉个个都成为亿万富翁。然而，在阿里巴巴十周年的庆祝晚会上，十八罗汉全都辞去创始人的身份，从此之后阿里巴巴进行划时代——合伙人时代，而十八罗汉也开始承担在阿里巴巴新的角色和使命。

可以说，马云之所以有今日的成就，他的团队功不可没。十八罗汉不管在什么时候，都坚定不移地环绕在马云身边，都无条件地信任和支持马云。正是如此地齐心协力，才能让阿里巴巴一次次渡过难关，最终迅速成长。如今的阿里巴巴，早已不可与当年同日而语，如今的十八罗汉依然坚守在阿里巴巴的岗位上，继续为阿里巴巴做出贡献。众所周知，有的时候仅仅几个人的团队，都会产生意见不一致的情况，而阿里巴巴的十八罗汉之所以高度统一，除了因为他们都信任马云，团聚在马云身边之外，也因为他们彼此气场相容，志气相投，所以才能让团队合作事半功倍。

常言道，一个篱笆三个桩，一个好汉三个帮。就连秦桧都有几个好朋友，更何况作为普通人的我们呢？尤其是在现代职场，再也不崇拜个人英雄主义，而密切的分工与合作，也使得任何人想搞个人英雄主义，想成为个人英雄，都是不可行的。所以明智的朋友们，一定会为自己寻找更多的合作伙伴，从而才能让自己的发展事半功倍，达到预期的效果和目的。古人云，道不同不相与谋，这句话告诉我们，如果我们与他人之间没有共同的志向，那么就不是同类人，也根本无法协调一致地发展。所以朋友们，从现在开始就瞪大眼睛吧，常言道，知己难求，实际上我们要找的正是工作上的知己和最好的合作伙伴。在他们的帮助下，我们才能如虎添翼，事半功倍。

## 认真负责的你最有魅力

并非每个人都有足够的幸运，从事自己喜欢和擅长的工作，因而大多数人都把工作当成维持生计而不得不做的事情，尤其是有些人非但不喜欢自己的工作，还很反感自己的工作，就更是对工作三心二意，当一天和尚撞一天钟，在工作上蒙混过关。

其实，人人都渴望获得成功，也希望自己在工作上能有突出的表现，却因为事与愿违，导致心怀沮丧，也就彻底放弃了努力。正如前文所说，爱一行干一行固然幸运，但是干一行爱一行也同样能给自己一个交代，让自己在职业生涯中得到更好的发展。诸如，如果我们不喜欢或者不擅长自己所从事的工作，那么我们就可以用责任来弥补这份兴趣的缺失，从而让自己对工作认真负责，也同样会做出令人满意的表现。

对于每一位上司和老总而言，最希望看到的就是员工认真工作的样子。哪怕员工并不具备特殊的天赋，也不能做到出类拔萃，但是只要这位员工对工作尽心尽职，做好自己的分内之事，他就值得得到尊重。与此同时，员工自己也会因为在工作上有所成就，而变得更加充满自信，对工作的兴趣也越来越浓厚。所以朋友们，英雄不问出处，不管你在公司里承担的职位多么低，多么无关紧要，你们都不要因此而自轻自贱。哪怕只是一名清洁工，当你爱岗敬业，老总也会对你刮目相看。

细心的朋友们会发现，大多数对待工作认真努力且非常勤奋的人，在工作上总是能做出一番成就的。他们在工作上有了突出表现，不但自己感到底气十足，信心满满，而且在物质上也会得到丰厚的回报，如升职加薪等，甚至还会影响他们的家庭生活，提升他们家庭生活的质量。由此可见，对待工作认真负责有利而无害，每个人都应该努力做到这一点。实际上，人们对待工作就像异性之间谈恋爱一样，有的异性彼此一见钟情，这是缘分使然，也有的异性之间是通过长期的朝夕相处，才渐渐地产生感情，这是日久生情。对待工作同样如此，如果对工作没有一见倾心，那么我们不妨耐心一些，在努力工作的过程总渐渐地深入了解工作，也越来越喜欢工作。

常言道，有付出才有回报，实际上这句话有些偏颇，因为大多数时有付出也未必有回报，但是如果不付出努力，就绝对没有任何回报。所以我们还是要坚持努力，坚持付出，也给自己的工作一个好的交代。从气场的角度而言，对工作认真负责的人才会有强大的气场，也才会产生巨大的精神力量。正所谓树活一张皮，人活一口气，精气神恰恰是人生中最有力的支撑，所以我们要构建自己的精神家园，让自己拥有一颗强大的内心，真正成为人生的强者。

大学毕业后，罗丹进入一家医药公司，成为一名医药代表。众所周知，在所有行业中，销售行业压力都是最大的，挑战也是最强的，更何况医药公司必须面向医院和医生进行推销，难度也就更大。为此，罗丹刚刚开始工作的几个月时间里，几乎跑断了腿，也没有任何收获。

眼看着自己已经入不敷出了，罗丹不由得打起了退堂鼓，也因为看不到希望，她变得很颓废。这个时候，师傅似乎看出罗丹的心态变得浮躁，也有所变化，因而师傅马上激励罗丹：“罗丹，你已经积累了三个月，现在正在关键的节点，千万不要放弃。所谓量变引起质变，你就要完成量变的过程，难道要在质变之前功亏一篑吗？”罗丹当然不想这样，但是她也不知道如何才能做到最好。师傅告诉罗丹：“继续坚持去做，就像你每天去做的一样。把每一天都当成崭新的一天去努力，不要总是想着自己已经付出了多少天的努力，成功就会不期而至。”在师傅的鼓励下，罗丹不得不打起精神来继续奔波，四处推销。果不其然，一个月之后，罗丹成功推销出去一批药品，签订了职业生涯中的第一张订单。从此之后，罗丹一发而不可收拾，她此前的积累也都产生了效果。正如师傅所说，罗丹成功了。

常言道，凡事就怕认真二字。的确，很多人别说对待工作了，哪怕是对待人生，也始终三心二意。试问，人生原本就很波折，如果没有认真的态度，如何能够迈过人生的一个又一个坎，实现人生的收获与成功呢？明智的朋友从来不轻视人生，他们知道，唯有付出，唯有坚持努力，才能为自己争取到更多的可能性。

朋友们，一定要记住，认真负责的你才是最美丽的，尤其是在工作中，认真负责的你才能得到上司的认可和赏识，也才能为自己打开人生的一扇门，走到更加开阔的人生天地中。

# 不断提升气场，让职场竞争力增强

在同一个办公室里，如果其他同事都在积极地打电话联系客户，埋头处理文件，你会干什么呢？在这样充满激情和热情、节奏感强烈的工作氛围中，哪怕你想偷懒，只怕也不好意思吧。所以你只能也拿起电话，要求自己必须认真工作。与此相反，假如办公室里的同事都在闲聊，或者嗑瓜子，或者织毛衣，或者在网络上看影视剧，不时地发出哈哈大笑的声音，你又会干什么呢？哪怕你很想利用宝贵的时间联系客户，争取在月底到来之前让业绩再提高一些，只怕你也不好意思打破这嘈杂愉快的气氛，更无法拿起电话给客户打电话吧！这就是工作氛围对人的影响。

实际上，环境和氛围给人的影响是很大的。正因为如此，很多父母才会绞尽脑汁为孩子择校，希望孩子进入一个好的学校，进入一个好的班级，从而拥有良好的学习环境和氛围。这样一来，孩子就会变得更加自制，也会情不自禁提醒自己一定要努力，否则就会被其他同学远远地甩下。实际上，成人在工作中也同样如此。如果工作的氛围不好，成人也会缺乏自制力，因而与他人一样懈怠。如果工作氛围好，成人就会努力控制自己，从而让自己与他人一样努力。显而易见，这两种选择的结果是截然不同的。

在职场上，爱岗敬业、用于承担责任、认真勤奋等工作的好习惯，都会为我们提升工作的气场。当人人的工作气场都是积极的、正向的，那么整个的工作气场就会变得积极向上，也会变得非常强大。对于个人而言，气场是自身素质的综合体现，对于公司而言，气场是大的氛围和风气，能够对整个公司的发展起到影响的作用。

人在职场，不但要有过硬的学历、水平和能力，更要有软实力，才能满足如今的用人要求。所谓软实力，就是个人综合素质的体现，诸如在职场上承受压力的能力，与同事相处的能力，协调各方面事物的能力等，都可以归于软实力的范畴。当然，我们这里所说的软实力，重点指的是与同事搞好人际关系的能力，毕竟每个人在每个工作日都要与同事密切相处，如果同事之间关系紧张，那么就会导致工作非常被动，无法顺利进行下去。尤其是现代职场特别讲究同事之间的团结协作，我们更要发挥软实力，与同事成为配合默契的好搭档，工作才能顺利展开。

当然，这个世界上最难处理好的关系就是人际关系，同事关系尽管不同于普通的人际关系，但也是人际关系的一种，因而也需要用心处理。孔圣人曾经说过，三人行，必有我师。的确，这句话正好给很多在职场上自高自大的人敲响了警钟，也让他们意识到不能唯我独尊，而要怀着谦虚的心态，多多向同事学习和请教。常言道，金无足赤，人无完人，每个人都既有缺点，也有优点，在与同事相处时，我们不能只看到同事的缺点，而要看到同事的优点，从而积极向他们学习。在看待自己时，我们也要尽量客观公正，既要看到自身的优点，也要看到自身的缺点，这样才能准确评价和衡量自己，避免盲目自大或者妄自菲薄。尤其是在和同事交流时，同事之间原本就是相同的等级，我们要尽量使用请教的口吻向同事请教，而一定要避免对同事颐指气使。

还要注意的是，同事之间的关系说亲密就亲密，说疏远就疏远。之所以说同事关系很亲密，是因为大多数人每个工作日都要与同事相处一整个白天的时间，还要针对工作进行交流，所以是非常亲密接触的。之所以说同事关系很疏远，是因为同事关系不同于同学和朋友之间的纯粹友谊，也不同于亲人与爱人之间的亲密无间，一旦涉及利益关系，原本并肩作战的同事就有可能成为竞争对手，为了维护各自的利益而相互竞争，所以同事关系的亲密是很脆弱的，竞争才是同事关系的本质。在这种情况下，我们可以与同事精诚团结与合作，但是不要与同事同流合污，更不要与同事一起合起伙来欺骗公司，或者损害公司的利益。当发现同事的行为损害了公司的利益时，哪怕你不想包庇同事，也要尽量与同事划清界限，以免等到同事东窗事发时，你也被无辜牵连。

正确对待公司的帮派和小团队，尽量不要搅入其中。越是大规模的公司，也是容易在公司内部形成帮派和小团队。这种情况下，最好的应对策略就是明哲保身，而不要轻易加入某一个帮派或者小团队。正所谓树倒猢狲散，如果盲目加入其中某一个团队，一旦团队中的灵魂人物离开公司，或者失去势力，作为他的拥护者你也必然受到牵连。当然，对于正规的工作团队，我们还是要采取积极的态度融入，毕竟现代职场不适合个人英雄生存，我们每个人都要依托团队的力量才能把工作完成得更好，也才能把事情做得更加尽善尽美。

在与同事交流时，也要注意措辞。细心的朋友会发现，那些处处受欢迎的人之所以人缘好，人脉资源丰富，就是他们很善于表达，也很善于说话。他们每当与同事进行交流，总是把“我们”挂在嘴边，而很少说“我”。这是因为，“我们”作为人称代词，可以有效缩短自己与他人之间的心理距离，从而加深我们与他人之间的感情，使他们觉得与我们是同一战壕的。仅仅是“我们”两个字，甚至比千言万语地拉拢与他人之间的关系来得更加效果显著。

朋友们，你们知道与同事相处的技巧了吗？拥有和谐融洽的职场关系，对于职场人士而言是一笔巨大的财富，唯有工作的气场和氛围都很强大，我们才会拥有最好的工作状态，也才能让自己在工作上事半功倍。

# 第 12 章　激发积极的气场，让生活精彩绝伦

能量，有正能量和负能量之分；人生的状态，也有积极和消极之分。要想让生活充实而又精彩，与众不同，我们首先要让自己怀有积极乐观的心态，对待人生充满正能量，这样才能激发积极的气场，也让我们的人生潜移默化受到气场的影响，绚烂绽放。

## 拥有内驱力，人生才有动力

常言道，人生不如意十之八九。其实，人生中不仅充满了不如意，还会遭遇各种坎坷挫折，甚至会遇到看似无法逾越的困境和绝境。在这种情况下，消极的人未免对人生感到失望，因而意志消沉，甚至不愿意勇敢地面对问题。他们或者逃避，或者抱怨，然而这些消极的方法除了让他们更加烦恼之外，根本于事无补。实际上，聪明的朋友都知道，逃避永远不是解决问题的办法，与其一味地消极对待各种问题，不如鼓起勇气积极面对。越是处境艰难，我们就越是要让内心充满阳光，这样才能驱散人生的阴霾，也使人生拥有更多的可能性，找到新的出路。也许有的朋友说，事到临头，是很难假装坚强的。其实，坚强不仅仅是装给别人看的，更是装

给我们自己看的。细心的朋友会发现，很多时候如果伪装微笑，我们的心情也会真的渐渐变好。同样的道理，就让我们误以为人生充满阳光，内心充满明媚吧，也许我们才能形成积极的气场，也才能拥有强大的驱动力，不断前进。

曾经，有一位知名的外国作家在作品里写道，一个人不管肩负着多么沉重的生活，总能坚持到夜晚来临，也不管承受多么沉重的工作，总是能够很快乐地活到太阳日落西山的时刻。这就是生命的真谛，也是生命强大力量的表现。所以我们每个人都不应该抱怨生活，而要相信自己远比想象中坚强。

1937年，雪莉尔失去了自己的丈夫，从此之后变成了寡妇。因为丈夫的猝然离世，她突然之间失去了活着的希望，再加上经济困窘，她更是觉得生无可恋。为了让自己像大多数人那样活着，她写信给曾经的公司，希望能够回去上班。公司里的人听说雪莉尔的悲惨遭遇，都很同情她，因而当即同意了她的请求。就这样，雪莉尔看似恢复了正常的生活，每天早晨起床洗漱，吃早餐之后去公司上班。因为她现在居住的地方距离公司太远了，她还按揭买了一部破旧的老爷车。

原本，雪莉尔以为自己会在看似正常的生活中渐渐找回生的欲望，却没想到，每当独自一个人上下班，回到空荡荡的家里，坐在宽大的餐桌旁吃饭，她都觉得痛不欲生。也因为她从事销售工作，只有很少的底薪，而大部分收入必须依靠业绩来支撑，所以业绩毫无起色的她简直心急如焚。她整日担心自己买车的贷款无法及时还清，为此精神压力巨大，精神濒临崩溃的边缘。

有一个时期，雪莉尔去了一个非常遥远的小镇推销产品。那个小镇特别荒凉，作为一个陌生人来到小镇上，再加上接连遭遇拒绝和闭门羹，雪莉尔真想马上结束自己的生命，追随丈夫而去，再也不要回到这个冷酷无情的世界。那一刻，她萌生了自杀的想法。她彻底放弃推销工作，留在低级的旅馆里看杂志消磨时间。正在此时，她看到了一篇文章，文章里的一句话彻底改变了她的人生。那句话就是，“对于每一个聪明人而言，每天的太阳总是崭新的”。这句话使雪莉尔如同醍醐灌顶，她马上找出纸笔把这句话抄写下来，然后贴在自己的汽车前挡风玻璃上，贴在家里每个房间的门上，甚至贴在餐桌上。这样一来，她不管走到哪里都能看到这句话，就算不是留在家里，而是开着破旧的老爷车四处推销，这句话也始终伴随着她。雪莉尔渐渐获得了新生，每天都面对崭新的自己，这使她恢复青春的心态，再也不因为生活曾经的悲惨而低迷消沉。可想而知，心态改变之后，雪莉尔的世界也随之改变。最终，雪莉尔成为了一名非常优秀的推销员，她的经济条件渐渐好转。几年之后，她甚至遇到了新的爱情。

人们常常因为生活中突如其来的巨大打击，导致对生活失去希望。事例中，雪莉尔正是因为丈夫的去世，才变得这么痛苦，又因为经济困窘，更加失去了生的动力。实际上，每个人的生命都只属于自己，父母养育了我们，却不能陪伴我们一辈子；我们养育了孩子，孩子不断地成长，与我们渐行渐远，最终羽翼丰满，飞离我们的身边；亲密无间的爱人在人生中最重要的时刻陪伴我们，然而生命总是无常，他们不能陪伴我们一辈子，我们也同样无法陪伴他们一辈子……人与人之间的相逢一场，就这样以各种姿态结束。最终，能陪伴我们的只有我们自己。

一个人，要想不孤独地度过一生，就要学会与自己相处，从自己的身上汲取力量。尤其是当生命变得沉重时，尤其是不得不独自面对时，我们更要鼓起勇气，努力地看向生命的前方，从而让自己拥有永恒的动力。每一位朋友都要记住，任何情况下，生命都要向前，因为回头路是走不通的。

## 气场强大的人，能悦纳自己

现实生活中，很多人都对自己感到不满意。他们不喜欢自己黝黑的皮肤、矮胖的身材，不喜欢自己小小的眼睛和扁平的鼻子，不喜欢自己做事情拖泥带水，无法决断，更不喜欢自己性格怯懦，无法勇敢地面对一切……殊不知，当一个人不喜欢自己的地方太多，那么他会更加失去自信，不知道如何与自己相处，也因此陷入恶性循环之中，总是日复一日地怀疑自己，又因此而让自己变得更糟糕。

细心的朋友会发现，大多数成功者哪怕并不完美，但是他们也都非常喜欢自己。他们总是欣喜地接纳自己，既不忽视自己的缺点，也不认为自己的缺点是致命的打击。他们相信自己可以做得更好，甚至把缺点变得可爱。他们坚信自己有优点和长处，因而总有一天能够出人头地。总而言之，他们就像深爱恋人一样爱着自己，人们常说情人眼里出西施，在他们眼里，他们自己就是西施。

当然，他们绝不是盲目自大者。正所谓人无完人，金无足赤，他们很清楚自己既有优点，也有缺点，也为此他们绝不看轻自己，妄自菲薄，也不过分看重自己，狂妄自大。他们只是接纳自己，就像接纳命运的一切馈赠一样，坦然接受并不完美的自己。他们是有自信的，因为只有信心满满的人才能接纳自己的缺点，也才能坦然诉说自己的不足。他们也是非常强大的，因为只有内心强大的人，才能悦纳自己，也接纳自己无法改变的一切事实。

这个世界上，并没有绝对完美的存在。在美国，联邦宪法的地位排在第一，其次就是《独立宣言》，可想而知，《独立宣言》的地位有多么重要。然而，如此重要的《独立宣言》并不完美，虽然被封为美国的国宝，那么神圣，那么庄严，但是《独立宣言》中有两个非常明显的“缺憾”——少了两个字母。原来，人们在《独立宣言》完稿的时候，就已经发现缺少了两个字母，但是从未有人认为应该重新抄写一遍《独立宣言》，从而把两个字母补上。最终，人们一致决定要修改符号，加上这两位字母。而当五十六位美国精英在《独立宣言》上签字时，没有人觉得缺少两个字母是缺憾，反而《独立宣言》在他们眼中非常完美。那么，为何人们不愿意再花费一些时间把《独立宣言》重新誊抄一遍呢？实际上这并不需要花费多少时间，而且也是完全可以做到的。然而，那五十六位精英都觉得无须把宝贵的时间和精力用于弥补这个小小的缺憾上，因为这并不妨碍《独立宣言》成为美国的国宝级文件。就这样，他们签字之后马上为了实现文件的内容而去奋斗了，他们心无旁骛，知道自己最重要的是做什么。就连具有重要意义的，甚至在世界发展史上都至关重要的《独立宣言》，都可以出现这样两个小小的疏漏，还有什么文件是必须完美无瑕的呢！

在这个世界上，并没有绝对完美的人和事物，每个人要想活得更从容潇洒，气势如虹，就要放下内心的执念。人生的追求是永无止境的，我们要积极地追求值得追求的东西，而不要因为无限的欲望，导致自己陷入对完美的追求中无法自拔。一个人考了八十几分不高兴，考了九十几分也不高兴，直到考了一百分终于有些高兴，却又马上担心不能保持一百分的记录，这样活着难道不累吗？人生之中，执着固然重要，随性也很重要。只有对人生不偏执的人，才能最大限度地发挥自身气场的力量，从而让自己拥有幸福，拥有快乐。而一个人如果连自己都不能接纳，又如何接受生命中那么多的不如意呢！

当然，这里所说的意思并非让每个人都不要追求完美，积极的追求是值得鼓励和提倡的，只是凡事都不能过度，一旦过度就会变成心里的负担和负累，也会起到完全相反的作用。所以追求完美固然可以，却不能过于苛责自己，更不要总是嫌弃自己。接纳不够完美的自己，尽量追求人生中的完美，这才是最理想的人生状态。

## 平衡，是自然界的规则

幸福，是每个人都渴望达到的人生境界，然而，很多人偏偏都觉得自己不幸福。难道幸福就这么难以获得吗？难道幸福真的是生命中可遇而不可求的奢侈品吗？其实不然。幸福远在天边，又近在眼前，拥有幸福的心态和平衡的内心，幸福就唾手可得。否则，幸福就会变成水中花，镜中月，哪怕我们再努力，也始终无法真正地掌握幸福。

很多人把人生归结为两种状态，一种是幸福的，一种是不幸的。实际上，这就像把人分为好人与坏人一样不合理，因为人还有介于好人和坏人之间的人，换一种表达方式，好人也有坏的一面，坏人也有好的一面。既然人是如此复杂的，我们就要客观分析和中肯评价人，而不要轻易地就对人下定论。同样的道理，人生也不该简单地归于幸福或者不幸福。幸福的人生也许是相似的，但是不幸的人生却各有各的不幸，所以我们要对人生做全方位的立体定义和评价，而不要以简单粗暴的方式判定人生。

大多数幸福的人，都是善于运用气场为人生加分的人。他们很清楚人生不如意十之八九，也很清楚人生不可能一帆风顺，顺遂如意，因而他们对于人生不会苛刻地要求。他们都有宽容平和的心态，能够接受人生中的坎坷和挫折，也能够在人生遭遇逆境的时候坚持不懈，迎难而上。他们尽管也会抱怨人生，却不会把抱怨作为自己应对命运的唯一方式。他们知道，唯有成为自身情绪的主宰，唯有远离愤怒，才能让人生淡然从容。他们非常理性，也看重感情，他们知道人生中的取舍是常态，也敢于舍弃，更敢于追求。

有两个年轻人结伴在沙漠中旅行，然而，因为突然而起的沙尘暴，他们在沙漠中迷了路，走了三天三夜，也没有找到既定的路线走出来。两个年轻人都感到非常绝望，然而他们还有强烈的求生意识，他们想要走出这苍凉的沙漠，回到亲爱的家人身边。

天刚蒙蒙亮，年轻人甲就叫醒年轻人乙出发。乙沉浸在暂时安稳的睡眠中，说：“不，我不想起来，我只想睡觉，就让我这样睡过去吧。”甲坚持把乙叫醒，拖着乙开始艰难的跋涉。乙疲惫不堪，这时，甲突然在沙漠里发现了半瓶水。甲兴奋不已，喊道：“有救了，有救了，咱们有救了。”乙苦笑着看着甲举起来的半瓶水，说：“只够每个人喝两口的，太阳一出来，水不等到肚子里，就被晒干了。”甲激励乙：“多喝两口水，至少多活一个小时，就多了一分生机啊。”乙还是精神低迷。看到乙一步也不想走了，甲决定把乙留在原地，他则快走去寻找支援。乙暗暗想道：“终于要把我抛弃了，也罢，反正谁也不可能活着走出这片大沙漠。”虽然甲把乙安顿在阴凉处，但是乙却了无生念。甲走了没多久，乙就断了气。甲呢，他一直飞快地走啊走啊，居然在走出四个小时后，遇到了一个驼队。甲苦苦哀求驼队随同他折回去救乙，然而，等到他们紧赶慢赶终于赶在天黑之前回到乙的所在地时，却发现乙已经死了。

甲之所以能够跑在死神前面，找到驼队，是因为他心中有希望，也有着顽强的信念。而乙呢，和甲处于同样的处境，却已经彻底绝望，再也不想付出任何努力了。就这样，甲活了下来，而乙则失去了年轻的生命，再也无法走出大沙漠。

每一个幸福快乐的人，一定有一颗强大的内心。这并不是说他们的内心多么坚强勇敢，而是说他们善于在内心深处平衡自己，也善于调整自己的情绪，从而帮助自己达到最好的情绪状态。有一位大名鼎鼎的哲学家曾经说，一个人必须成为自己内心的主人，才能驾驭生命，否则就会被生命驾驭，再也没有机会变成生命的骑手。淡然平静的心态，使人们有更多的机会实现自身的价值，也最终获得成功。与此相反，很多内心处于失衡状态的人，则总是郁郁寡欢，愤愤不平，又如何能够从容面对人生呢！所以朋友们，让自己成为一个平衡的人吧，不但实现外界的平衡，也实现内心的平衡，这样才能更好地面对生活，拥抱生活，也享受生活。记住，你的积极乐观会让你进入人生的良性循环之中，而你的消极悲观则会使你的人生阴云密布，再也无法沐浴阳光。

## 给心点亮明灯，人生永不黑暗

相信很多朋友都曾经看过美国的经典影片《肖申克的救赎》。在影片里，安迪告诉瑞德，只有心怀希望，才能拥有希望。的确如此，作为一家银行的副总裁，安迪年轻有为，人生正处于蓬勃向上的状态之中。然而，他的妻子和情人被人杀死了，安迪自然成为头号怀疑对象。警察以严密的推理判定他有罪，甚至不需要他本人伏法认罪，就把他送到肖申克监狱中服刑。安迪被判两个无期徒刑，这意味着他的一生都要在肖申克监狱中度过，再也没有提前释放的可能。

安迪知道自己是无罪的，也不愿意在监狱里度过一生，为此他想方设法戴“罪”立功，争取有好的表现。他学识渊博，所以主动辅导年轻的囚犯参加考试。为了给那些对人生再也没有任何希望的人们带来希望，他还努力争取经费，从而扩充监狱里的图书馆。安迪没有放弃希望，他总是心怀希望，也无时无刻不在争取希望。不得不说，安迪是一个非常坚强的人，所以他才能以自己的强大气场，循序渐进得到监狱里劳犯人瑞德的认可和友谊。在瑞德为他提供了一张大海报和一个小小的锄头之后，安迪就开始在每天夜深人静的时候构筑自己的自由世界。他整整挖掘了十九年，才挖掘出一条通往外界的地道，最终彻底获得自由。从安迪身上，每个人都能感受到他强大的精神世界和精神气场，也能感受到他为了追求自由而不顾一切的决心和信念。

作为一名自由的人，我们简直难以想象一个人是如何在十九年的时间里，就凭着一把袖珍小锄头，凭着每天放风的时候把挖地道的土放在口袋里带出牢房，居然坚持为自己创造了一条通往自由的道路。这就是希望的力量，这也是人性的力量。

对于每个人而言，心是最柔软的部分，也是最坚强的部分。当一个人始终心怀希望，他就能战胜一切的艰难险阻，奔向希望的所在。希望也像是人生中的一盏明灯，始终指引着人生前进的方向。所以朋友们，任何时候都不要放弃希望，用希望为心点亮一盏明灯吧，你会发现整个人生都因此而明媚起来。

在一间病房里，原本住着一位老人。后来，又来了一位年轻的女孩。女孩虽然年纪轻轻，但是求生的欲望却很弱。她每天都奄奄一息，似乎生命已经走到了灯枯油干的尽头。对此，老人经常鼓励女孩要振奋精神，然而却收效甚微。

在病房里度过漫长的一段时间后，秋天来了。秋风萧瑟，把窗外的树叶吹落。一天清晨醒来，女孩看到树上只剩下一片叶子，不由得叹息道：“唉，生命就这样悄然流逝，这最后的一片叶子不知道还能不能等到明天。”老人的病其实已经很重了，但是听到女孩这么说，老人也不由得悲从中来。当天夜里，趁着女孩睡着了，老人打电话找来家人，让家人去找一片栩栩如生的假树叶，绑在外面那片即将掉落的树叶的枝干上。家人不明白老人的意思，但是在老人的坚持下，他们还是照做了。果然，次日清晨醒来，女孩看到窗外树干上的树叶，欣喜地喊道：“这片叶子还在！”老人告诉女孩：“生命是很顽强的，有的时候，哪怕是一片小小的树叶，也能熬过生命的寒冬。”女孩受到鼓舞，每天都盯着那片树叶看。渐渐地，女孩的病居然好转了。

在这个故事中，女孩原本悲观厌世，了无生机，但是却因为一片树叶，改变了自己对待生命的态度。她渐渐地康复，却不知道是老人让家人在树干上捆绑了一片树叶。然而，不管这片树叶是真还是假，它给女孩带来的希望却是真的。正是在希望的支撑下，女孩才熬过生命中最艰难的时刻，重获新生。

生命并不总是一帆风顺的，很多时候，人生接连遭遇各种坎坷和挫折，使得人生就像是一片荒漠，无边无际，也似乎永远都走不出去。在这种情况下，我们如果能够心怀希望，始终向着人生的光亮处前行，那么就能成功地点亮自己的心灯，也向着人生的目的地勇往直前，决不放弃。有希望的人生永远不会黑暗，朋友们，快给你们的人生点亮一盏明灯吧！

# 舍得，是大气场的表现

用辩证唯物主义的观点来看待人生，人生总是有两面性，很多事情也都要一分为二地看待。诸如得到和失去之间，看得透的人都知道，得到未必是得到，失去也未必是失去。为此，他们拒绝被动地失去，有的时候反而会主动地舍弃，从而给予人生更多的空间。

失去的东西一旦失去，就再也一去不返，我们也许会有新的东西，但是之前的东西再也不会失而复得。哪怕得到了原来的的东西，实际上我们的心境也改变了，因而那个东西对于我们而言，也就不再像之前那样了。人在一生之中，总是要不停地面对得到和失去，诸如得到一条新生命，而失去年迈的亲人；得到更多的金钱和财富，却失去了陪伴家人的时间；得到了完美的爱情，但是生意上却遭遇波折，导致困难重重……总而言之，人生就是在得失之间不停地循环发展。所以要想拥有轻松随意的人生，我们就要学会面对得到和失去。在必要的时候，我们还要主动舍弃，以得到自己想要的一切。从这个意义上说，舍弃也是一种得到。正如古人所说的，塞翁失马，焉知祸福，如果人人都有如同塞翁一样有远见卓识，那么也就不会被命运折磨得束手无策了。

战国时期，有一位老人住在边塞，以养马为生，很多人都慕名而去买老人的马，大家都称老人为塞翁。那个时候，马是非常贵重的财产。有一天，塞翁去放马，回来的时候数来数去，都发现少了一匹马。邻居们听到塞翁蒙受了如此惨重的损失，赶紧赶来安慰塞翁。塞翁笑了笑说："丢了一匹马没关系，也许这反而是好事情呢！”邻居们听了塞翁的话，无论如何也想不明白为何马丢了，塞翁还说是好事情呢！他们都以为塞翁人老了，思维不清晰，肯定是因为丢马急糊涂了。

过了没多久，塞翁丢失的马回来了，还带回来一匹胡人的骏马。看到塞翁平白无故得到了一匹马，再想想塞翁丢马时候说的话，邻居们全都非常钦佩塞翁，因而纷纷奉承塞翁：“您老人家真是有远见卓识，丢了一匹马不但失而复得，还多得了一匹骏马，这可真是好福气啊！”不想，塞翁对于邻居们的祝贺愁眉苦脸，丝毫没有表现出高兴的样子。他忧心忡忡地说：“平白无故得了一匹骏马，说不定还会招来祸患呢！”邻居们对塞翁的话不以为然，暗暗想道：这个老头真狡猾，白白得了一匹马，却还佯装难过的样子，心里不知道怎么偷着乐呢！

塞翁只有一个独生儿子，因为塞翁养马，所以儿子也特别喜欢骑马。看到胡人的骏马如此英俊，儿子不由得对骏马情有独钟。虽然塞翁不允许儿子骑这匹马，但是儿子却不以为然，有一天趁着塞翁不注意，就骑着马去了集市。集市上人很多，骏马受到惊吓，突然狂奔不止，还把塞翁的儿子摔到地上，摔断了腿。得知塞翁的独子遇到这样的灾难，好心的邻居又赶来安慰塞翁。塞翁并没有像大家想象的那么悲伤，反而不以为然地说：“幸好只是伤了腿，而没有丢掉性命，这不是灾祸，反而是福气呢！”邻居们都觉得塞翁一定是伤心欲绝，所以头脑也不清醒了。他们可不认为摔断了腿还是福气，因而都在心中默默地同情塞翁。

没过多久，边境发生战乱，村子里的年轻人都被征召入伍，去与入侵者战斗了，全都在战斗中丢掉性命，再也回不来了。而塞翁的儿子因为腿断了，不能参加战斗，所以逃过这场劫难，一直守在塞翁身边过着平安的生活。

塞翁失马，焉知祸福？丢了马也许是损失，却带来了胡人的骏马；得到骏马也许是好事，却害得儿子摔断了腿；儿子的腿断了，从此变成残疾人，看起来是坏事，但是儿子却因此保全了性命，不用去战场上送命，所以又成为好事情。从这个典故中，我们不难得出一个结论，即所有的好事与坏事之间都是相互转化的，有些事情看起来是好事，实际上却会带来灾祸，有些事情看起来是坏事，最终却可能有好的结果。

人生之中，总是充满着各种意外，甚至有些意外会带给人们致命的打击。面对这样坎坷的命运，抱怨和逃避都不能解决问题，唯有摆正心态，积极地应对，才能度过困境，迎来柳暗花明。总而言之，舍得舍得，有舍才有得，得失之间，想得开，也看得开，就不会被得失扰乱心智，也才能从容迎接命运的安排。

# 参考文献

[1]希恩・德玛. 气场修习术[M]. 北京：中国青年出版社，2016.

[2]皮克・菲尔. 气场[M]. 重庆：重庆出版社，2010.

[3]李世强. 气场，改变命运的神秘力量[M]. 北京：北京工业大学出版社，2017.